색향미

色香味美

초판 1쇄 발행 2016년 12월 1일
2쇄 발행 2017년 8월 8일

지 은 이 정연권
발 행 인 권선복
편집주간 김정웅
니 자 인 김소영
전 자 책 천훈민
마 케 팅 권보송
발 행 처 도서출판 행복에너지
출판등록 제315-2011-000035호
주   소 (157-010) 서울특별시 강서구 화곡로 232
전   화 0505-613-6133
팩   스 0303-0799-1560
홈페이지 www.happybook.or.kr
이 메 일 ksbdata@daum.net

값 25,000원

ISBN 979-11-5602-433-0 (03480)

도서출판 행복에너지는 독자 여러분의 아이디어와 원고 투고를 기다립니다. 책으로 만들
기를 원하는 콘텐츠가 있으신 분은 이메일이나 홈페이지를 통해 간단한 기획서와 기획의
도, 연락처 등을 보내주십시오. 행복에너지의 문은 언제나 활짝 열려 있습니다.

색 色
향 香
미 味 美

Wildflower is love

정연권 지음

"야생화는 사랑입니다."

도서
출판 행복에너지

서문

눈부신 아름다움과 무한한 생명력으로 사람에게 기쁨과 행복을 주는 자연의 선물, 꽃이 있습니다. 허나 안타깝게도 그들은 때와 조건이 일치할 때만 제 아름다움을 보여주며, 그 아름다움 또한 찰나에 불과해 금세 시들고 연약해지는 등 영원하지 않습니다. 오히려 그들의 아름다움은 선한 눈을 통하여 보이는 것이기에 찰나의 모습이 그것을 보는 이의 가슴 속에 다시 피고, 그의 가슴 속에 담은 고운 자태와 그윽한 향기가 비로소 영원한 아름다움으로 남는 것이 아닐까 생각해 봅니다.

꽃을 통하여 배운 깨달음 한 가지를 들자면, 꽃은 주위의 다른 꽃들을 시기 질투하지 않습니다. 화려한 다른 꽃들이 아무리 스스로를 뽐낸다 해도 그것을 모방하기보다 자신의 장점을 빛내면서 조화와 소통의 순리로 더불어 사는 아름다운 세상을 만들어 냅니다.

꽃을 기르는 일은 한 생명체에 대한 존경과 기다림의 미학이며 다양한 감성 예술의 발로입니다. 전 세계를 샅샅이 다 뒤져본다 한들 꽃 한 송이를 길러내는 이상의 신비는 없으리라 저는 확신합니다. 그 신비를 오롯이 접하는 시간은 참 행복했습니다.

저는 가꾸는 이 없어도 산야에 스스로 피고 지는 야생화를 꽃 중에 으뜸으로 칩니다. 거기에 더해 대한민국 구석구석에서 피고 지는 야생화 중 지리산 야생화가 더 어여쁘고 아름다워 보이는 것은 나의 오래된 친구로서 이미 깊은 교감과 사랑을 나눈 까닭이겠지요.

이 친구들과 함께한 제 인생에는 풍요로움이 가득했습니다. 사진을 찍고, 시를 짓고, 대량 번식 기술을 정립하고 분화와 생태조경이 용이하도록 개발하고, 향을 추출하여 향수를 만들고, 오래도록 만나기 위해 압화를 만들고, 건강밥상 위의 입맛 도는 나물로 올리고, 언제 어느 자리에서든 일과 힐링이 결합된 일상을 보냈습니다.

이렇듯 여러 각도로 친구들의 이름을 불러주고 기억하고 인연의 끈을 놓지 않았더니, 어느새 그 친구는 저를 돕는 색色, 향香, 미味가 어우러진 '미美의 마법사'로 존재해 있더군요. 색이 선한 눈으로 살피는 사랑이라면 향은 순한 코로 마음에 와 닿는 사랑이고, 미는 참한 입안에 감도는 맛깔 나는 사랑이 아니겠습니까. 다시 말해서, 색은 보이는 사랑이고, 향은 느끼는 사랑이며, 미는 맛있는 사랑이기에 세 가지를 아우르는 아름다운 결정체인 야생화는 곧 '사랑'입니다.

지리산 야생화와 친구처럼 동행하고, 연인처럼 아껴온 소소한 이야기로 4,596종의 야생화 중에서 155종의 이야기를 간추렸습니다. 산야를 누비며 관찰하거나 재배한 경험들과 느낀 감성, 순간순간 찾아온 의미와 교훈을 잊지 않기 위해 SNS에 게재했던 글귀를 모아 간추리고 정리한 것들입니다.

새롭거나 반가운 꽃과 맞닥뜨린 순간의 느낌을 그대로 전하고자 스마트폰으로 찍은 사진도 적절히 활용하였습니다. 정형화된 도감의 형식에서 벗어나고자 꽃의 애칭을 정하고 이미지가 응축된 글과 함께, 용도와 이용법, 꽃말풀이 등을 소개하였습니다. 더러는 귀화한 야생화도 다문화·다민족으로 진입한 현 시대상을 따라 함께 포함하고, 풀草과 나무木에서 피는 야생화와 양치류같이 꽃이 없는 야생화도 아우르며 더 폭넓고 풍성한 책 내용을 꾸렸습니다.

하지만 여전히 아쉽고 미약한 부분이 있어 부끄럽습니다. 잘못된 정보를 나열한 곳은 없는지, 혹 혼자만의 착각에 빠져 어리석게 표현한 곳이 있는지도 걱정입니다. 서툰 부분을 발견하시더라도 그저 너그러운 아량을 베풀어 주시길 소망합니다.

댓글과 사진 인용을 허락하신 카친과 페북 친구님, 함께 지리산을 탐사하고 연구하면서 자료 정리를 도와준 여러 직원 선생님, 야생화·나물 재배 농업인과 압화 예술인 한 분 한 분의 귀한 존함을 여기에 올리지 못함을 양해해 주시기 바랍니다. 고마움과 은혜는 마음에 간직하며 갚아 가도록 하겠습니다.

'꽃 중의 꽃은 사람 꽃'이라고 하듯이 저와 인연을 가졌던 모든 분을 가슴 깊이 존경하고, 사랑하고, 사람꽃으로 기억하겠습니다.

2016. 11.

정 연 권

추천사

　누군들 꽃을 싫어하겠는가? 세상의 꽃들은 시인들을 유혹해서 시를 쓰게 하는 매력이 있다. 시인들은 꽃들을 이렇게 노래하며 찬사를 보내고 있다.

　고은 님은 '내려갈 때 보았네 / 올라갈 때 못 본 그 꽃', 김춘수 님은 '내가 그의 이름을 불러 주었을 때 / 그는 나에게로 와서/ 꽃이 되었다', 이윤학 님은 '그대가 꺾어 준 꽃 시들 때까지 들여다 보았네 / 그대가 남기고 간 시든 꽃 / 다시 필 때까지', 정호승 님은 '꽃씨 속의 / 꽃을 보려면 / 고요히 눈이 녹기를 기다려라', 천양희 님은 '꽃은 세상이 궁금해서 첫 꽃을 피운다'라고.

　꽃 중에 야생화는 들꽃이고 산꽃이라서 낯이 익어 사람들이 사랑한다. 나도 야생화를 사랑한다. 나보다 수천 배 더 사랑하는 사람이 정연권 소장(전 구례군 농업기술센터 소장)이다. 고향이 같은 후배이지만 행정자치부 지방행정연수원 교수 시절부터 알게 되어 지금껏 만나고 있는 공무원 중에서 보기 드문 열정이 넘치고 다부진 사람이다. 그는 야생화의 거룩한 명예를 위하여 바쁘게 뛰어 다녔다. 정 소장은 공직생활 중 30년 동안 야생화와 함께 살아온 '야생화 박사'이고, '꽃 소장'으로 불리고 있다.

　그는 지리산의 야생화 연구를 거듭해 산업화하는 데 성공함으로써 행정자치부로부터 '야생화 달인'으로 선정되었다. 그는 꽃꽂이에서 출발해 화분으로, 생태조경용으로 야생화를 키워낸 인재이다. 야생화를 향수로 만들었고, 계절 야생화의 아름다움을 영원히 간직하기 위해, 야생화를 압화押花로 만들어 생태조형예술로 발전시키고 세계로부터 찬사를 받고 있는 재주꾼이다. 지금은 쑥부쟁이를 나물로, 머핀으로 개발해 시판하여 인기를 끌고 있다. 이런 점을 보면 그는 창의적인 인물이다. 그래서 언제나 전국의 강단이라면 어디나 기를 쓰고 달려가 야생화를 전파하는 사람이다.

　그의 『색향미』를 읽노라면 시집을 읽는 느낌이 들 뿐만 아니라, 친한 친구의 얘기를 듣는 것 같아 참 정겹다. 언젠가 어디선가 본 듯한 야생화에 대한 새로운 느낌과 전설, 꽃말을 되새길 수 있게 해주어 너무 재미있고, 우리들 몸 어디에 좋은 지를 알게 해주어 매우 유익하다. 그래서 야생화를 잊은 사람들에게 『색향미』를 무조건 추천하고 싶다.

2016. 10.

이주희(전 한국지방자치학회장, 현 레인보우영동연수원장)

목차

제3부 풍류의 여름 야생화

제4부 풍요의 가을 야생화

제5부 낭만의 겨울 야생화

제 1 부

야생화 단상 斷想

꽃을 자주 접하는 사람, 또는 꽃과 관련된 단체들은 산야에 자라는 꽃들을 '야생화', '자생화', '산야초', '들꽃', '풀꽃', '우리 꽃'이라 부르면서 자기가 부르는 호칭이 정확하다고 주장합니다. 혹자는 저에게 어느 이름이 맞는 것인가를 물어오기도 하지요. 애초에 꽃들은 이렇게 불러 달라, 저렇게 불러주오 우리에게 요구하지 않았습니다. 얄팍한 지식으로 편 가르기를 하고, 제 입맛에 맞춰 부르는 것은 단지 사람들의 생각입니다. 해마다 그 자리에서 때가 되면 피고, 때가 되면 지는 그들은 스스로의 이름조차 주장하지 않고 살아왔던 것이지요. 사람의 도움 없이 자생적으로 살아가는 꽃들을 "야생화다", "아니다, 들꽃이다" 또는 둘 다 맞거나 틀리다고 단정 지을 수 없습니다. 다만 다른 부분이지요. 꽃을 바라보는 시각과 주장하거나 원하는 바가 다르다는 것이지요.

　자생식물이란 좁은 의미로 지역에서 원래부터 살고 있는 토착식물을 의미하지만, 그 의미를 넓힌다면 사람의 보호를 받지 않고 사는 식물로 오래 전에 들어와 귀화한 식물도 포함 시킬 수 있겠습니다. 이 중에서 꽃, 잎 등 관상가치가 높은 식물이 '야생화', '자생화', '들꽃'이라는 호칭으로 불리고 있습니다. 저는 그중 '야생화'란 이름을 즐겨 사용합니다. 그것은 '야생'이라는 말의 뜻처럼 길들여지지 않은 채, 사람의 욕심이나 손때가 묻지 않는 아름다움을 가진 꽃이기 때문입니다.

'야생화'라는 명칭이야말로 모진 환경에서 스스로 뿌리를 내밀고 싹을 틔워 자연의 시계에 맞춰 꽃이 피고 지는 일련의 과정으로 인류에게 우주 질서와 섭리를 일깨워 주는 이의 이름으로 가장 일치한다는 게 저의 주장입니다. 제가 접한 꽃들은 조화와 소통으로 더불어 살아가는 자연의 질서를 일깨우고, 콩 심는데 콩 나는 인과응보를 가르쳐 주더군요. 즉, 사람의 손이 아닌 자연의 손으로 살아가는 '돈을 벌고자 사람들에 의해서 조작되지 않는 꽃'을 야생화라고 저는 강조하고 싶습니다.

야생화는 거친 환경에서 비바람과 더위, 추위, 목마름을 이겨내고 때와 조건이 온전히 맞을 때 고고히 피어나기에, 온실에서 온도를 맞추고, 제 때 물을 공급해야 얼굴을 내미는 꽃과는 색과 향기가 온전히 다릅니다. 야생의 혹독함을 견디고 피어난 그 진한 빛깔과 청초한 자태, 황홀한 향기, 독특한 맛, 이 모든 것의 조화를 이끌어낸 아름다운 생명체를 우리는 환호하는 것 아니겠습니까?

우리나라는 뚜렷한 사계절이 있고 산과 계곡이 많아서 총 4,596종의 자생식물들이 살고 있습니다만, 선조께서 꽃으로, 약으로, 나물로, 생활용품으로 사용하면서 지어준 정답고 고운 이름들은 일제강점기를 거치면서 왜곡되고 유린되어 생채기가 아물지 않은 흉한 몰골로 오늘에 이르고 있습니다.

단도직입적으로 말씀드리면, 우리나라 야생화의 수탈과 훼손이란 그늘진 역사 속에 일본인 나까이 다케노신中井猛之進 NAKAI Takenosin 이 존재합니다. 그는 1909년부터 1940년까지 31년 동안 조선총독부의 지원으로 우리나라 전역을 탐사하여 2만여 점의 자원을 채집하고, 그중 4,100여 점을 일본으로 반출한 식물 수탈의 주범입니다. 이는 식물학자의 양심과 상식을 벗어난 천인공노할 중범죄이지요.

야생화의 학명을 읽을 때마다 저는 매번 통탄과 분노를 금치 않을 수 없습니다. 혹여 우리나라 자생식물 1,000여 종에 '나까이'란 이름이 붙여져 있다는 걸 아시는지요? '나까이'를 단독으로 붙인 것만 373종에 이르고 있으니, 한국인의 입장으로서는 참으로 징그럽고 끔찍한 일이 아닌지요. 거기에 더해 종명에는 발견된 지역의 국가명을 사용하는 국제관례를 무시하고 우리나라를 뜻하는 코리아나Koreana가 아니라 아시아티카Asiatica라고 애매하게 흐려 놓았으며, 섬초롱 등 울릉도에서 서식하는 32종에다가는 다케시마Takesima를 붙여놓았습니다.

더욱이 또 다른 문제로는 식물의 이름들이 일본식 표현으로 되어 있다는 점입니다. 다시 말하자면 광복 이후 우리말 이름은 되찾았으나 뜻이 일본식이라는데 그 문제가 있습니다. 수많은 우리 야생화의 곱고 아름다운 이름을 해괴하고 상스러운 이름으로 부르고 있으니 참으로 지하에 누워 계신 조상님들이 벌떡 일어날 일입니다. 이 모두가 나라에 힘이 없었고, 개화가 늦은 탓이었겠지만, 광복이 된지 70년이 된 지금껏 아무런 조치도 취하지 않고 있다는 것이 저는 더욱더 안타깝고 애통합니다.

경제가 성장하여 국민 모두가 먹고사는데 지장이 없게 된 지금, 난도질당한 야생화에 대한 위무와 치유에 대해 관심을 가진 자가 과연 한 명이라도 있기는 하는 걸까요? 그저 꽃이 좋다고 내 집으로 옮겨와 감상하고, 사진을 찍어 액자를 만들고, 포트에 심고 내다 팔아 돈을 벌고, 말린 꽃으로 액세서리를 만들고, 나물이나 약을 만들기 위해 채취하고, 그저 우리들 욕심만 채웠던 대상은 아니었는지요.

더 이상 늦추어서는 아니 되는 일입니다. 지금부터라도 야생화에 대한 체계적인 보전과 이용, 제대로 된 이름 찾아주기 활동을 전개해야 할 시기입니다.

야생화에 대한 또 다른 생각 중의 하나는 정신세계의 철학적 가치를 일깨워 사람들을 깨우는 마치, 인문학의 스승과 같은 역할을 한다는 사실입니다. 꽃은 '정서적 위안과 기쁨을 주는 식물의 생식기관'으로서 사언과 사람이 교감하는 매개제이며 상대방의 마음을 여는 열쇠입니다. 또한 부귀와 사랑의 정표이기에 많은 사람들이 꽃 피는 찰나에 영감을 얻어 시를 짓고, 사진이나 화폭에 담아 그 아름다움을 영원히 간직하려고 애를 씁니다.

꽃이 아름다운 것은 신묘한 향기와 꿀을 간직하였으며 시시각각 움직이는 풍광을 가두어 이야기로 엮어내고, 제각각의 고운 색채를 발현하기 때문이지요. 부드러운 햇빛과 바람까지도 고요한 멈춤과 침묵으로 아름다움을 함께 만들어 가는 까닭에, 사람들은 꽃을 보며 일상에 지친 스트레스를 풀고, 가까이에 꽃이 많으면 섣불리 죄를 짓지 않으며, 범죄자들의 재범률 또한 낮아진다는 연구 결과가 있습니다. 또한 환자들의 완쾌가 빠르고, 노인들의 삶의 의욕이 강해진다 하니 참 오묘한 일이 아닌지요. 이러한 야생화의 효용 가치는 억만금을 주고도 살 수 없으며 어떠한 절대 권력으로도 쉽게 취할 수 있는 것이 아니랍니다.

1년을 주기로 피고 지는 야생화 한 포기에 생명체 생성의 의미와 위대함이 있기에 계절마다 느끼는 바가 다른데요. 새봄의 너울거리는 아지랑이 속으로, 겨우내 웅크린 뿌리에서 새싹이 솟구치는데 이를 소생蘇生이라고 하며, 딱딱한 씨앗이 열려 새싹이 나오는 것을 발아發芽라고 하지요. 이와 같은 새로운 생명의 탄생은 기다림과 인내의 산물로서 사람들에게 희망의 메시지를 주는 자연의 신호탄입니다.

여름에는 치렁치렁한 잎들이 뜨거운 햇빛을 받고 물과 이산화탄소를 취하여 소중한 산소를 생성합니다. 뿌리에서 질소, 인산, 가리 3요소와 미량원소 등 영양분을 흡수하고 줄기를 통해 잎과 열매에 보내는데 이것이 과학科學이며, 이 과학의 원리로 만물은 성장하게 되고요. 그런데 성장을 돕는 원소 중 공기에서 얻는 것이 98% 정도를 차지한다고 합니다. 사람은 땅地, 물水, 불火, 바람風의 인연체이며 공기와 흙에서 얻어지는 원소를 모아놓은 것이 우리의 '몸' 인데 물과 원소들이 모여 유기적인 활동을 하는 것이 살아있는 것이고, 죽음이란 반대로 물과 원소들이 뿔뿔이 흩어지는 것이랍니다.

가을엔 플라보노이드 색소에 따라 빨강, 노랑 등 잎색 진한 꽃이 피어나기도 하고 봄, 여름 꽃들의 열매가 저 나름의 색채로 익어가지요. 또한 엽록소가 분해되면서 안토시아닌 등 색소가 오색단풍으로 화려하게 변신을 합니다. 우리는 이러한 풍광을 통해 예술藝術을 느끼며 감상에 젖어듭니다.

겨울, 가을걷이가 끝난 허허한 들녘에는 식물체의 잎줄기도 사라지고 인적도 끊어져 적요와 침묵에 들어가는 데요. 보잘 것 없다고 치부한 낙엽은 만물의 뿌리를 감싸고, 곤충이나 미생물의 안식처가 되었다가 나중에는 썩어서 거름이 되는 등 자신의 전부를 내어주고 내년 봄을 기약합니다. 이는 내세를 바라는 종교宗敎와 같으니 '모든 것을 다 주고 더 줄게 없나 살피는 것이 사랑이고 자비이며 배려'가 아닐는지요.

이러한 생성과 소멸의 과정이 모든 사물은 변하고 바꾸어져 간다는 변역變易, 특성이 바꾸지 않는 불역不易, 처음을 알면 끝을 알 수 있다는 간역簡易을 논하는 주역원리와도 같다고 할 수 있기에, 인연과 업보의 이치를 깨우쳐 인생을 되돌아보게 되는 것입니다.

사람들이 흔히 하는 착각 중의 하나인데요. 어떤 야생화도 한 계절에만 꽃을 피우거나 열매를 맺는 거는 아니랍니다. 가을보다 봄에 피는 꽃들이 더 다양하고 여름에도 많지요. 복수초처럼 눈 속에서 꽃이 먼저 올라와서 피고, 여름에는 잎줄기가 사그라져 버리는 하고현상夏枯現象도 있지요. 꽃무릇은 줄기 없이 잎이 가을에 나와서 겨울을 나고, 여름에는 잎의 흔적도 없다가 가을에 꽃이 피어나는데 꽃과 잎이 영원히 만나지 못하는 애틋함이 연인이나 배우자에 대한 기다림을 노래하는 문학적 소재가 되기도 하지요. 산수유, 매화처럼 이른 봄에 꽃이 먼저 피고, 후에 잎이 나오는 선화후엽先花後葉의 경우도 있고, 개다래, 괭이눈처럼 잎들이 꽃처럼 보여서 꿀 나비를 유인한 뒤 꽃가루받이가 끝나면 색깔이 변하기도 합니다.

꽃잎의 색도 빨강, 노랑, 분홍, 보라, 하얀색으로 다양하고 꽃모양도 모두 각기 다르고, 꽃피는 시간도 다르고, 꽃 크기도 다르고, 자태와 이미지가 다르지만 이를 틀렸다고 말하지 않습니다. 가을에 피는 꽃이 진짜 꽃이고 옳다고 말하지 않습니다. 다양성과 각기 다름을 인정하고 서로 소통하여 주위의 다른 꽃들과 조화를 이뤄 세상을 아름답게 합니다.

꽃 한 송이의 기쁨이 어린이들에게는 천진난만한 동심을 심어주고, 사춘기 소년소녀의 마음속에 꿈의 씨앗을 떨구어 줄 것으로 믿습니다. 또한, 일자리를 찾는 청년들에게는 희망의 봉오리가 되고, 스트레스에 시달리는 직장인과 생활에 지친 주부들을 반짝 위로하며, 노인들의 허전함과 쓸쓸함을 달래줄 것을 저는 믿습니다. 꽃들 중 홑꽃은 청초하고 매끄러운 아름다움을 주지만 겹꽃은 원숙하고 우아한 아름다움을 안겨 줍니다. 겹은 곧 주름인데요. 겹겹이 꽃잎이 포개져서 피어난 꽃들의 아름다움은 홑꽃을 압도합니다. 얼굴에 주름이 많아서 늙어 보인다고 속상해 하거나 감추지 마시기 바랍니다. 겹꽃처럼 주름을 당당하게 보여주는 것도 노년을 우아하게 보내는 방법이 될 수 있으니까요.

마지막으로 드리는 말씀은 야생화를 통해 경제적 가치를 추구할 수 있다는 사실입니다. 돈벌이로 무한 변신하는 야생화의 놓칠 수 없는 가치를 일곱 빛깔 무지개로 소개해 드릴까 합니다.

빨: 자연경관 축소의 다양한 연출

분화와 분경은 생육특성에 따른 다양한 야생화를 화분, 암석, 기와, 도편, 수피 등에 부착하는 것으로 마치 자연경관을 끌어다 앉힌 듯 축소하여 연출하는 것입니다. 산수의 풍광을 내 집에 들여 논 듯 자연스러운 멋을 느낄 수 있고 내적으로는 자연의 섭리를 일깨워 생활에 활력을 주며 외적으로는 실내의 먼지, 온·습도와 음이온, 산소 농도 조절 등 실내 공기를 정화해서 쾌적한 주변 환경을 선사합니다.

또한 장소에 제한 받지 않아 자유로운 이동이 가능하고 꽃피는 시기에 따라서 실내에 두거나 실외에 둘 수 있는 장점이 있습니다.

주: 아름다운 향기의 연금술

향香은 벼禾가 햇빛日에 익어가는 냄새입니다. 우리에게 쾌감을 주는 것을 향기라고 하고, 불쾌감을 주는 것을 악취라고 하지요. 모든 식물은 제각각의 향이 있는데 대부분의 향은 꽃에서 나지만, 박하, 층꽃과 같이 잎줄기에서 나는 것도 있고 쥐오줌풀, 홀아비꽃대처럼 뿌리에서 나는 것도 있답니다. 전혀 향기가 없다가도 마른 가지에서 향기가 나는 향나무도 있으니 그 이치가 오묘하고 신비롭습니다.

또한 창포, 생강나무꽃처럼 상큼하고 풋풋한 향, 옥잠화, 백화등처럼 부드럽고 달콤한 향, 은방울꽃, 수선화처럼 우아하고 화사한 향, 서향, 금목서처럼 농후하고 그윽한 향, 감국, 구절초처럼 정갈하고 차분한 향, 연꽃, 원추리처럼 맑고 은은한 향이 있기에 각자가 서로 다른 향기를 내뿜는 신천지를 창조합니다.

향수는 코로 느낄 수 있는 아름다움의 결정체로 정신과 감성이 집약된 예술품이고, 상대의 마음을 얻는 마음의 창입니다. 서양의 향수가 몸에서 나는 노린내 등 잡냄새를 없애기 위하여 인위적으로 향을 추출하고 조합해서 만들었다면, 우리의 향은 자연 그대로의 향을 사용하여 사람과 향이 어우러지도록 한다는 것이 다릅니다. 물론, 사람이 가장 포근하게 느끼는 향기는 어머니의 냄새로 고향과 유년에 대한 기억의 원천이 여기에서 비롯된다고 볼 수 있지요. 눈을 감고 코로 느끼는 감미로운 향기는 그 실체가 사라져도 아름다운 기억으로 남습니다.

한국인의 체취에 맞게 개발한 노고단 향수는 옥잠화와 원추리에서 향을 추출하고, 조합하여 만든 신토불이 향수로 은은하고 달콤한 향이 특징입니다. 종이 향수로 까지 확장하여 향 분야의 새로운 지평을 열었지요. 또한 식물에서 정유를 추출하여 치유를 위한 아로마요법과 천연 화장품, 수제비누 등에 활용하는 등 다양한 상품이 출시되고 있답니다.

노: 생명체와 교감하는 열린 행복

부드러운 흙에 암석과 이끼, 나무와 꽃, 푸른 잔디와 연못 등으로 구성된 기능적인 공간이 바로 정원입니다. 자연을 만끽하는 휴식공간이고 생활에 지친 몸과 마음의 스트레스를 내려놓으며 평온을 얻는 공간이지요. 식물을 어루만지면서 생명체와 교감하고 햇볕 아래에서 땀 흘리고 일하는 것 자체가 그대로 큰 즐거움이 되는 치유의 열린 장인 셈이지요.

정원 조성은 정원수와 야생화 등 화훼류를 양지, 반음지, 습지 등에 적합한 생육특성에 맞추어 식재합니다. 실외 뿐만 아니라 아파트 베란다 정원, 이동식 정원 등의 실내 정원도 있지요. 실내 정원은 공기 정화, 습도 조절, 새집증후군 감소, 그린효과 등으로 도시민의 스트레스를 풀어 주는 도시형 정원이랍니다. 정원 조성용 폿트묘는 구례, 평창, 수도권 등에서 재배하여 전국에 사철 공급하기에 누구나 쉽게 구입이 가능합니다.

초: 약식동원의 건강 백세 파수꾼

건강하게 백세百歲까지 사는 것은 모두의 소망이요 로망일진대 현대인은 탄수화물, 지방, 단백질의 과잉섭취로 각종 질병에 시달리고 있는 실정이지요. 약식동원藥食同源의 말처럼 좋은 먹거리는 스스로 치유의 힘을 지녔는데 특히, 초봄에 올라오는 나물들이 우리 몸에 이로운 약성을 지녔다고 합니다.

살짝 데쳐서 참기름에 무쳐 먹는 나물 반찬으로 우리나라에 서식하는 야생화 480여 종이 활용 가능하겠으나, 상품화되고 있는 것은 취나물류, 고사리, 쑥부쟁이, 다래순, 머위, 눈개승마 등 100여 종에 불과합니다. 건강과 힐링의 상징이며 건강 백세 파수꾼인 나물은 각종 비타민과 미네랄이 함유되어 신진대사를 원활하게 합니다. 또한 몸속의 나트륨과 중금속을 배출하고 산성화된 몸을 알칼리성으로 바꾸어 면역력을 증가시켜 줍니다. 섬유질이 많아 변비와 다이어트에도 효과가 있으며, 1분 정도만 데치면 질산염이 50% 감소하고 소화가 잘되며 발암물질이 없어진다고 하니 현대인을 위한 가장 좋은 먹거리가 아닐까 합니다.

나물은 주로 생나물과 건나물로 무쳐서 먹지만, 절편이나 송편에도 이용되고, 구례대표나물인 쑥부쟁이는 연중 출하되고 영국 빵인 머핀, 쿠키 같은 신세대용 먹거리로 인기입니다. 또한 중장년 세대를 위한 곤드레밥, 장아찌 등 여러 분야의 활용이 가능합니다.

파: 치유와 풍류의 삼총사

꽃이 지닌 고유의 색깔과 향기와 약효가 조합되고, 형태까지 즐길 수 있으며 맛도 훌륭한 건강 음료로 치유와 풍류의 로망으로 사랑받고 있는 꽃차, 발효액, 담금주 삼총사입니다. 그중에 꽃차는 안토시아닌 색소가 풍부하고 항산화 물질을 다량 함유하고 있으며 비타민, 단백질, 아미노산, 미네랄 등이 많아서 피부미용, 혈액순환, 스트레스 해소, 면역력을 길러주는 효능으로 큰 관심을 받고 있지요. 꽃차는 피로회복과 동시에 마음의 안정을 줍니다. 은은한 향이 우리네 정서과 부합되어 멋과 풍류를 불러오는데, 바람 부는 스산한 날에 빗소리를 들으며 마시는 차 맛은 가히 일품입니다. 또한 커피와는 비교 할 수 없는 갖가지 다양한 색채가 있기에 눈으로도 그 달콤하고 상큼한 맛이 즐겨진답니다.

매화, 생강꽃, 산수유꽃 등은 봄을 맞은 당신에게 따스함과 싱그러운 맛을 제공하고, 인동초, 원추리 등에서 달콤한 풍미와 상큼한 여름을 맛보고, 감국, 구절초, 쑥부쟁이 등에서 풍요 가득한 가을 정취와 그윽한 맛을 느끼게 됩니다. 물론, 겨울을 품은 옥국, 동백꽃 등을 마시며 지나간 일 년을 회상하는 시간을 가져보는 것도 좋겠습니다.

더불어 꽃, 열매, 뿌리 등의 약성을 설탕과 배합하여 추출하고, 발효 숙성시켜 차처럼 마시는 발효액은 달달한 맛과 깊은 풍미를 가지고 있어 피로와 스트레스를 풀어주고 비타민, 아미노산 등이 풍부하여 식이음료로 큰 주목을 받고 있지요.

30~35도의 소주를 부어 6개월에서 1년 정도 숙성시킨 담금주도 재료의 약효와 더불어 혈액순환을 원활하게 도와 혈관계 질병을 예방한다고 합니다. 선조들이 즐기셨던 밥상의 반주 한 잔이 약주藥酒였으니까요.

남: 영원한 아름다움의 조형예술

울긋불긋 고운 빛깔의 단풍잎이나 네 잎 클로버, 모양이 독특한 꽃 등을 책갈피 속에 끼워두었다가, 앨범 속에 보관하거나 편지지에 붙여 그리운 사람에게 애틋한 사연을 적어 보냈던 기억이 있겠지요. 이렇듯 꽃의 색과 형태를 오래 간직하고 싶어 하는 사람의 욕구는 지극히 본능적인 것이고, 동서고금을 가리지 않는 보편적인 풍습입니다.

압화押花는 꽃의 수분을 제거하여 눌러 말린 평면적 장식의 꽃예술을 지칭하는데요. 요즘에는 압화가 회화의 한 소재가 되어 꽃의 아름다움을 표현한 기본적인 정물화를 기본으로 풍경화, 인물화, 추상화 등 다양한 영역의 조형 예술로 자리를 잡아가고 있습니다. 소재의 폭도 넓어져 잎, 덩굴, 씨앗, 이끼, 나무껍질, 벌레 먹은 잎 등이 다양하게 사용되면서 건조한 압화 소재만을 판매하는 상업적

영역도 함께 발전하고 있습니다.

즉, 회화적 느낌, 또는 다양한 추상으로 창작하는 조형예술인 압화押花는 '꽃으로 그리는 그림'으로 규정할 수 있는데요. 순간의 아름다운 꽃을 영원한 생명 예술로 승화시킨 것입니다. 압화에 몰두하다 보면 작은 풀 한 포기라도 아름답게 보는 마음과 잎사귀 하나라도 귀하게 여기는 마음이 저절로 생기는데, 이 분야가 바로 원예치료의 영역입니다. 자연을 담은 취미로 삶의 질을 높이는 생활의 활력소가 됨은 물론, 한 차원 앞서 디자인과 색에 대한 미술적 감각, 창조적 가치를 알게 하는 21세기 고급예술로 부각되고 있답니다.

더불어, 압화는 꽃과 잎에 DNA가 살아있는 예술품으로 미래의 후손들이 21세기의 야생화 생태에 대한 연구를 필요로 할 때 남겨질 사료로서의 가치가 있지요. 세계 유일 한국압화박물관을 구례군 농업기술센터에 조성한 것이 저의 자랑 중 하나입니다. 최고상의 영예를 대통령이 내리는 '대한민국 압화대전'이 매해 4월, 구례에서 개최되는데 10여 개국 압화 예술인이 참여하는 명실상부 국제적인 축제랍니다.

보: 황금알을 낳는 보물 곳간

현대인의 생활은 문명이라는 기치 아래 자연과 멀어지고 있지요. 아이러니하게도 의학과 약학이 발달할수록 환자와 질병은 더 많아져 가는 실정입니다. 효과가 탁월한 세계적인 신약의 원료는 거의 약초에서 추출합니다. 은행잎에서 '징코민', 주목에서 '택솔'을 개발한 데 이어서 엉겅퀴에서 '실리마린', 병풀에서 '마데카솔'의 원료가 추출됩니다. 개똥쑥에서 말라리아 치료제를 개발한 중국에서 노벨상 수상자가 배출되었으며, 으아리, 꿀풀, 하늘타리에서 관절염 치료제인 '조인스 정'을 개발하는 등 야생화는 신약 개발 중심에 있는 질병 치료제의 보물 곳간이기도 합니다.

야생화 중 강한 약성을 지닌 것은 1,000여 종으로, 본초강목이나 동의보감에서 민초들의 만병통치약으로 사랑받아 왔기에, 여기에 과학적인 추출기법과 합성 기술을 더한다면 세계적인 신약으로 변모시킬 수 있어 황금알을 낳는 소재로 무궁무진합니다.

경제적 가치 일곱 빛깔과 경제 외적 가치를 함께 아우르는 팔방미인, 팔색조 야생화를 만난다는 것, 배운다는 것, 잘 이용한다는 것, 그것은 세상을 향한 사랑과도 같습니다. 서로 진정으로 아끼고 존경한다면 상처는 치유되고, 번민은 물러갈 것입니다. 누구의 입가이든 미소가 떠나지 않게 될 것입니다. 한 송이 야생화가 피고 지는 곳에서는 더불어 살아가는 세상의 이치, 즉, 무한한 사랑이 함께 꽃을 피웁니다.

제2부

환희의 봄 야생화

새봄의 전령사
∽ 복수초 ∽

훈풍에 산·넘어 불어오니

차가운 대지에 송글송글

황금빛 꽃들이 피어나네

그래, 새봄이 어디에로 오는가 묻노라니

마음을 정한 곳에 살며시 오신다 하오이다.

　새봄이 오시는 산야山野에 찬란한 황금빛 꽃송이가 빛나는 친구는 만복과 장수를 상징하는 '복수초福壽草'예요. 유명한 이름처럼 다양한 이름도 많은데 설날 즈음에 핀다 해서 원일초元日草, 차가운 얼음 속에서 피어난다고 얼음꽃, 눈 속에서 피는 연꽃이라는 설연화雪蓮花, 눈 주위에 동그란 구멍을 내고 핀다는 눈색이꽃, 꽃피는 모습이 황금잔 같다고 측금잔화側金盞花 등등 많기도 하시는구려.

맞네요. 눈 속에서 피는 야생화로 2월 말이면 TV 화면에 자주 등
장하여 봄이 오는 모습을 보여주는데, 그래서 새봄이 오는 것을 제
일 먼저 느끼는 대표적인 새봄의 전령사입니다.

"새봄이 오셨으니 친구야! 황금잔으로 축배를 드세나."
"친구 여러분! 무병장수하시고 만복이 가득하소서!"
"친구여! 미움과 원망, 고통과 한숨을 버리고 사랑하시게요."

찬란한 한 송이 봉긋봉긋, 화사한 두 송이 방긋방긋 웃으면서 송
글송글 피어나 황금빛을 한 올 한 올 풀어내어 산야가 빛나고 양지
꽃, 영춘화, 산수유꽃으로 황금릴레이를 하네요. 꽃들과 함께 햇살
을 흩트리는 따스한 바람으로 황량한 대지의 아린 정적을 깨트리어

봄맞이하는 마음을 가볍게 하는구려.

　화분에 심어서 봄이 오시는 것을 볼 수도 있지만 정원에 심어서 보는 멋스러움이 좋습니다. 여름철에는 하고현상으로 잎줄기를 볼 수 없으니 화분보다는 정원에서 가꾸는 것이 덜 서운하겠지요.

　노란색이 안겨주는 평화와 황금빛이 가져주는 부귀와 더불어서 무병장수의 축복으로 '영원한 행복'을 안겨 드리는 꽃말을 가지고 있네요. 많은 꽃을 보면서 즐거워하지만 꽃 중의 진짜 꽃은 '사람꽃'이라고 하네요. 누군가 나를 꽃처럼 기억하고 사랑해준다면 모두가 꽃이고, 찬란한 사랑꽃인 사람꽃입니다. 이러한 사람꽃과 부귀와 장수의 야생화인 이 친구와 만나서 영원한 행복을 찾으시고 동행하시게요.

젊은이의 양지
양지꽃

엄마엄마 이리와 요것 보셔요

병아리떼 뿅뿅뿅뿅 놀고 간 뒤에

양지꽃 파란 싹이 돋아났어요

  개나리를 양지꽃으로 바꾼 동요 〈봄〉인데 봄의 표현을 아주 잘했
지요. 따스한 햇볕이 머무는 양지陽地에 삐약삐약 황금빛의 병아리
떼가 봄나들이하는 모습과 같아 어린애의 천진함과 보슬보슬 따스
함에 나지막이 겸손함을 가진 꽃 '양지꽃'입니다요.

  장미과로 따스한 논두렁 등에서 살고 있으며 '양지쪽에서 핀다고
양지꽃'이라고 한다는데 복슬복슬한 병아리 같고요. 꽃잎의 끝이 닭
발처럼 오므라든다고 닭의 발톱이라는 뜻의 '계각조', 뿌리 모양이
닭다리 같다고 '계퇴근', 닭과 관련된 이름이 많으니 양지養志하소서.

자세히 보셔요. 먼저, 햇볕이 잘 들고 바람을 막는 양지에 터 잡고 둘째, 지면에 바짝 웅크린 자세로 낮은 포복 실시. 셋째, 잎의 주름으로 따스한 공기층 형성. 넷째, 촘촘한 솜털로 체온을 보호하는 털옷과 모자. 다섯째, 옹기종기 모여서 서로서로 체온 유지. 와우! 다들 살아가는 방법이 있네요.

　그리고 효능도 좋다네요. 몸이 허약할 때 뿌리를 차로 드시면 좋고 간 기능 강화와 더불어 눈도 밝아진다네요. 나이가 드니 주름이 자꾸 늘어나 신경 쓰이는데, 글쎄 주름방지 효과가 있다고 하니 대박 대박입니다.

　화단에 심으면 잎과 함께 지면을 덮어서 볼거리가 늘어가고, 화분에 심으면 꽃잎이 지저분하게 떨어지니 권하기 어렵네요. 그래도 봄에 일찍 피어나니 그 자체를 사랑하시게요.

꽃말이 '사랑스러움'이라는데 꽃만 보고도 딱 알겠네요. 젊은이의 양지, 그 이야기처럼 수많은 사연과 사건들에 표현할 수 없는 은하수 같은 아늑한 이야기 그리고 알 수 없는 그 무엇들. 봄이 오시는 논두렁에서 황금빛 색채로 옹기종기, 뿅뿅뿅뿅, 삐약삐약 노니는 병아리떼의 모습들… 모두가 '사랑스러움'이네요.

봄을 맞이하세나
영춘화

부드런 해님의 손길 따라

가냘픈 가지와 줄기마다

화사한 노랑꽃 피어나니

보오옴 내게로 오시었네.

얼마나 급하게 오셨는지

향기는 어디에 놓고 왔나

황금빛 찬란한 꽃잎들만

모른 척 빙그레 웃는구려

"무슨 꽃인지 아시나요?"

"개나리!"

"땡! 아니라우."

"아니, 개나리 같은데 그럼 무엇이오."

"영춘화迎春花로 봄을 맞이하는 꽃이랍니다."

개나리와 비슷하다고 혼동하시는데 개나리는 꽃잎이 네 장에 줄기가 갈색이고, 꽃피는 시기가 3월 하순이지요. 영춘화는 꽃잎이 여섯 장에 줄기가 푸른색이고 2월 하순경에 피어난답니다. 봄을 맞이하는 꽃으로서 영춘화는 물푸레나무과로 중국에서 오래전부터 들어와서 우리 기후와 정서에 융합되어버렸지요.

봄에는 잎은 없고 꽃들만 피어서 꽃 잔치 하고 있는데요, 이것은 선화후엽先花後葉으로서 "꽃이 먼저 피고 잎이 나중에 나온다."라는 것인데, 나무에서 피는 봄꽃은 거의 그렇지요. 매화, 산수유, 개나리, 진달래, 살구꽃, 벚꽃이 있답니다. 화분에는 지주나 철사걸이로 모양을 만들고 담장이나 암석원에 늘어지도록 연출하거나 둥근 모양으로 만들어 멋진 모습을 연출할 수 있답니다.

황금빛 찬란한 꽃이나 향기가 없어서 조금 아쉬운데, 꽃말이 '사모하는 마음' 또는 '사랑하는 마음'이라고 하오니 이해하셔요. 꽃 색채로 주위를 환하게 하고 황량한 겨울 색채에 찌든 마음을 따스하게 어루만져 주지요. 오방색 중 가운데이고, 평화를 상징하며 돈도 많이 벌게 한다는 복福이 가득하네요.

새봄! 보오옴! 새로운 것을 볼 수 있어서 봄이라 했던가! 사랑하는 마음을 가져보는 것도 좋을 것 같소이다.

영원불멸의 금빛사랑
산수유꽃

어디를 가나

어디에 있으나

샛노랑 황금빛 세상

소살소살 흐르는 실개천에도

돌담길을 돌아가는 산허리에도

찬란한 황금빛 가루를 뿌려 놓았네.

　잔잔한 섬진강 물결을 따라온 남풍에 대지는 서서히 기지개 켜고 꽃들은 다투어 피어나네요. 샛노랑 꽃송이. 한 송이, 열 송이, 백 송이. 아니, 셀 수가 없네요. '산수유꽃' 꽃무리에 서 있습니다. 훈풍에 감겨오는 봄 향기가 인사를 하네요.

"친구 여러분! 안녕하십니까?"

"지금 지리산 아래 산동면 일원은 노랑 세상이지요."

황금가루를 뿌려 놓은 듯 '산수유山茱萸'에 꽃이 장관이네요. 산수유는 층층나무과에 속하고 산수유꽃은 두 번 피는데, 꽃받침이 벌어져 꽃망울이 먼저 나오고 다음에 꽃망울이 터지면서 노란색 꽃술이 나오지요. 그래서 꽃피는 기간이 한 달 정도로 오래 피어 있답니다. 꽃술은 12~15개 정도이고 꽃술 하나하나에 열매가 맺히지요.

정원수, 울타리용으로 봄은 황금빛 꽃, 여름엔 녹음, 가을은 빨간 열매가 계절마다 흥분과 기쁨을 안겨줍니다. "산수유, 남자에게 좋은데…" 유명한데요. 더 이상 좋다고 하는 것이 이 친구에 대한 무례인 것 같아서 쓰지 않겠습니다.

구례군은 우리나라 최대의 산수유 군락지로서 군목群木이 산수유지요. 산동 산수유는 중국 산동에서 시집온 처녀가 가져와 심었다는 천 년 넘은 할머니나무가 계척마을에 고운 자태로 꽃피고 있답니다. 구례군에서는 시목始木 산수유로 지정하여 풍년기원제를 올리고, 3월 하순에 축제가 열리지요. 임금님 귀는 당나귀 귀 소리가 나는 대밭을 베어내어 내고 산수유나무를 심었다는 기록이 삼국유사에 있고요. 효성이 깊은 딸이 산신령에게 열심히 기도하여 산수유열매를 얻어 아버님 생명을 구했다는 전설도 있지요.

꽃말은 '영원불멸의 사랑'이랍니다. 꽃피는 기간도 길고, 약효도 아주 좋고, 황금색 꽃이 부자 되어주겠으니 영원한 사랑을 지켜 주리라 믿어봅니다. 남자에게 좋고, 여자에게는 더 좋은 열매와 황금색 꽃이 영원불멸의 사랑을 지켜주네요.

봄바람 타고 오시네
⟳ 큰개불알풀 ⟳

하늘빛 닮으신 당신

하늘빛이 그리우신가요.

대지에 웅크린 당신

조잘조잘 이야기하네요.

봄바람 타고 온 당신

포근하게 다가오네요.

"당신의 이름은 무엇인가요?"

"민망하여 어떻게 말하기가 거시기 하네요."

"모두 성인이오니 당당하게 알려 주셔도 되네요."

"넵, '큰개불알풀'이라고 합니다."

현삼과에 귀화식물로 논두렁, 밭두렁에서 제일 먼저 봄소식을 전하는데 꽃이 진 후 열매가 개犬의 음낭을 닮았다고 붙여진 이름이래요. 그렇게 보이시나요?

아주 막역한 고향 친구를 흔히들 '불알친구여' 하시는데요, 그런데 이 친구의 이름 유래를 일본인이 붙였고, 우리는 그대로 번역하였으니 안타깝고 슬픈 일이네요. 그래서 이름을 '봄까치꽃'으로 개명했다고 하지요. 이 친구는 꽃이 크고 하늘빛이라 '큰봄까치꽃'이라고 하는데요, 일부 도감에 이명으로 부르긴 하지만 '국가 표준식물 목록'에는 큰개불알풀로 등재되어 있으니 예쁜 우리 이름을 갖기가 이리도 힘든가요. 그래도 우리 '봄까치꽃'으로 부르게요. 연예인의 예명처럼 예쁘게 부르자구요.

학명이 베로니카Veronica인데 십자가를 지고 골고다 언덕을 오르는 예수님을 보고 눈물을 흘린 성녀 베로니카의 손수건에 나타난 예수님 얼굴이 이 꽃잎 속에 나타난다 하여서 붙여진 이름이랍니다. 논두렁, 밭두렁의 잡초처럼 왕성하게 자라기에 따로 가꾸는 것은 큰 의미가 없고, 압화 소재로 많이 이용한답니다.

꽃말이 '기쁜 소식'이래요. 봄까치꽃이라고 한 것이 꽃말과 연관이 있나봅니다. 까치 까치 봄날 따스한 봄소식만큼 기쁜 소식이 있으리오. 겨우내 웅크린 가슴 활짝 피고서 화사한 봄빛 따라서 봄기운을 받고 싶지요. 이 꽃잎에 예수님 얼굴이 나타난다고 하니 기쁜 소식이네요. 화창한 봄날에 양지 녘 논두렁, 밭두렁에 하늘빛 수를 놓은 듯 피어납니다.

별에서 오신 그대
별꽃

별에서 오신 그대를

사랑하고 싶었다오.

별에서 오신 그대를

닮아보고 싶었다오.

별에서 오신 그대를

따라가고 싶었다오.

"그대, 어느 별에서 왔나요?"

"은하수에서 왔는데, 갑자기 추워서 모습이 별로이지요?"

"아뇨, 앙증스런 자태와 하얀 웃음이 좋네요."

은하수 내려오신 작은 별 하나, 둘, 셋, 하얀 웃음 지으며 별빛 따

라 내려와 반짝반짝 고운 자태로 피어난 '별꽃'이네요. 석죽과의 두
해살이풀인데 하얀 꽃이 작은 별처럼 흩어져 피는 것 같다고 별꽃이
라고 했고, 학명 스텔라리아Stellaria도 '별'이라는 뜻이라지요.

"꽃잎이 몇 장이지요?"

"10장"

"조금 밑으로 내려가면 몇 장이죠?"

"5장이네."

"맞아요. 꽃잎이 한 장씩 V자로 벌어져 승리를 외치고, 사랑을 상징
하는 하트(♡) 모양이기도 하지요. 그리고 꽃잎 뒤를 자세히 보셔요."

"와우, 이럴 수가!"

"그렇죠. 파란 꽃받침이 오각형의 별 모양이죠."

"그러게요, 이것은 큰 별에서 왔나 보네요."

"그래요. 작은 별, 큰 별들이 모여서 논두렁을 빛내 주네요."

논두렁을 포근히 감싼 별꽃 무리가 갑작스런 찬바람에 오들오들 떨고 있네요. 겨우내 황량한 대자와 쓸쓸한 논두렁에 생기를 주고, 하얀 웃음으로 기쁨을 주니 춥지 않네요. 그리고 효능도 좋다니 더 멋져 보이네요. 단백질, 칼슘, 철분도 많고, 위장도 튼튼히 하고, 혈액을 깨끗하게 한다고 하네요.

그 외에도 변비, 가려움증, 피부염 등에도 좋대요. 살짝 데쳐서 나물로도 좋다고 하네요. 맛이 음, 뭐랄까? 비름 냄새의 단백하고 풋풋한 맛, 살짝 싱그러운 그런 맛입니다.

꽃말이 '추억'이라고 하니 별꽃을 먹는 추억도 만들어 보시게요.

우아한 종달새
현호색

종알종알 소소한 소리인가.
종알종알 아가씨 수다인가.
종알종알 종달새 합창인가.

귀여운 자태와 우아한 몸짓으로 옥소리 들려오는 듯 피는 꽃. 완연한 봄빛 소리에 종알종알, 대지에 촉촉이 내리는 봄비에 옹알이 하듯이 피는 '현호색'이네요.

"무엇이 그리도 바쁘신가?"

"무엇 때문에 부지런을 떠시는가?"

"왜 그리도 성질이 급하신가?"

봄에 한 달만 있다가 홀연히 지는 꽃, 아니 잎줄기도 흔적 없이 사라져 여름, 가을, 겨울은 땅속에서 잠만 주무시네요. 그래요. 이 친구는 현호색과로 숲이 우거지기 전에 꽃이 피고 열매도 맺어 증식을 마무리하지요. 나뭇잎이 나오면 햇빛을 보기가 어려우니 그전에 모든 일을 마무리하고 편안히 쉬고 있다 할까요.

이름이 현호색玄胡索으로 검을 현玄, 오랑캐 이름 호胡, 새끼 꼬다 색索으로서 검은색 뿌리를 가진 매듭 모양으로, 새싹이 돋는 북쪽 지방의 식물이라는 뜻과 또 하나는 현은 하늘이고 호는 '드리우다' 라는 뜻으로 새싹이 꼬이면서 올라오는 하늘빛 같은 꽃이라는 두 가지 학설이 있는데요, 후자 학설에 한 표를 주고 싶네요.

왜냐하면 이 친구는 뿌리에 감자 같은 작은 덩이줄기가 있는데 노란색이고 모양도 비슷하지요. 검은색 뿌리는 아닌 것 같고 그러면 하늘빛은 검은색이 아닌데 밤에는 검은색이고, 푸른색이 진하면 검게 보이고 또 하나 속명 코리달리스Corydalis는 그리스어의 종달새라는 어원 이래요. 즉, 꽃 모양이 종달새 머리의 깃과 닮아서 그런 이름이 붙여졌다고 하네요.

덩이뿌리에 기혈을 소통하고, 혈행을 개선시켜주는 성분이 있다하고요. 1897년 시판되는 활명수에 현호색을 이용했다고 하니 소화에도 좋나 봅니다. 꽃이 진 후 이 덩이뿌리를 옮겨 심으면 이듬해 멋지고 우아한 꽃을 볼 수 있어 화분에 심으려면 이때에 실행해야 합니다.

'보물주머니', '비밀'이라는 꽃말이 있네요. 꽃송이마다 보물주머니로 가득하고 잎은 벌어져 있으나 긴 모양이니 비밀이 많다고 보여졌나요. 봄, 한 달만 있다가 사라지니 비밀이 많다고 생각해서인가요. 새봄 숲 속에 옹기종기 피어 보물을 가득 담은 비밀의 주머니꽃, '종달새의 보물주머니' 이렇게 기억하시지요.

어릿광대의 첫사랑
∼⊱ 광대나물 ⊰∼

줄을 타며 행복했지 춤을 추며 신이 났지

손풍금을 울리면서 사랑노래 불렀었지

공 굴리며 좋아했지 노래하면 즐거웠지

흰 분칠에 빨간 코로 사랑노래 들려줬지

어릿광대의 서글픈 사랑

〈곡예사의 첫사랑〉이라는 가요랍니다. 어릿광대의 첫사랑처럼 수
줍은 꽃, 광대로 살아가는 삶을 아는가. 관객을 웃기고 자신은 울어
야 하는, 남을 기쁘게 하고 자기는 슬픈 것을… 우린 모두가 광대의
삶을 살고 있지요. 날마다 삶의 현장에서 희노애락喜怒哀樂 하면서
아름다운 숨김과 인내로…

논두렁, 밭두렁, 양지 녘에 웅크린 당신, 하나둘 손에 손잡고 층층이 오르네요. 진분홍빛 고깔 쓰고 해님을 향한 당신, 새봄을 알리는 곡예를 아시나요. 꽃샘추위에도 당당히 멋진 당신, 고운 색채로 들녘이 밝아지네요.

앙증스런 이 친구는 '광대나물'이랍니다. 꿀풀과의 2년초로 "줄기를 빙 둘러싸고 꽃을 받치고 있는 잎이 어릿광대들이 입은 옷의 목둘레 장식과 닮아서 붙여진 이름"이래요. 어릿광대는 삐에로라고도 하고 논두렁, 밭두렁에 멋있는 꽃이지만 농부에게는 귀찮은 잡초라지요. 잡초는 뿌리지 않고 가꾸지 않아도 농부 몰래 옹기종기 자리 잡고 자라고 있지요. 원치 않은 것은 잡초인데 어떻게 이런 왕성한 생명력이 있을까요. 비밀은 씨앗에 엘라이오좀Elaisome이라는 방향제가 있어서 이 냄새를 개미들이 좋아한대요. 그러니 개미들이 종자를 물고 가서 여기저기에 퍼트리게 되는 대단한 전략이지요.

그러나 이 전략 때문에 농부 입장에서는 머리 아픈 잡초이네요. 봄 농사에 지장만 주는 그런 존재. 밭과 과수원을 붉게 꽃이 피나 꽃으로서는 귀한 대접을 해줄 수 없는 현실이 안타깝습니다. 코딱지나물이라고 하여 나물로도 먹는다는대, 새봄이라 살짝 데쳐서 조물조물 무치고 된장국 끓여도 좋을 것 같아요.

'그리운 봄'이라는 꽃말이네요. 환희에 넘치는 그리운 봄! 아리랑이 아롱진 그리운 봄, 꽃샘추위가 있었지만 분명 봄입니다. 그토록 그리운 새봄이 왔으니 춤을 추어야겠지요.

새록새록 잠자는 꽃

❧ 새끼노루귀 ❧

여리디 여린 모습

순하디 순한 자태

고혹적 맑은 꽃색

나뭇가지 스치는 바람에 놀란 듯이

새록새록 노루잠 자듯이 쫑긋하고

앙증스런 꽃들이 나직이 피었구려.

　봄 단비에 기지개 펴며 반겨주는 꽃 '새끼노루귀'랍니다. 노루귀는
꽃이 피고 잎이 나오지만 이 친구는 꽃과 잎이 같이 나오는 것이 다
르죠. 잎 모양이 '노루귀를 닮았다'고 붙여진 이름으로 학명 헤파티
카Hepatica는 간장肝腸이란 의미의 헤파티카스에서 유래되었는데요,

3개로 나누어진 잎 모양이 간肝과 닮았다는 데서 연유되었답니다.

눈雪을 뚫고 나온다고 파설초破雪草 또는 파할초破割草라고 하지요. 잎과 줄기에 하얀 솜털이 보송보송한데 추위에 견디기에 적합하겠지요. 마치 새끼노루의 야들야들한 솜털 같기도 하고, 순결한 영혼처럼 귀여운 새끼노루귀 가냘픈 새의 숨소리와 소살소살 흐르는 물소리와 사르르 감기는 바람소리를 살며시 듣고 있네요.

그런데요, 하얀 꽃잎처럼 보이는 것은 꽃받침이 발달한 꽃받침 조각萼이랍니다. 놀랐지요? 이 모두가 꽃들의 생존 전략이랍니다. 분화용으로 아주 좋은 친구이고, 화단, 정원 등에서도 앙증스런 자태가 봄의 찬란함을 안겨 드릴 것입니다. 생약명은 장이세신獐耳細辛으로 獐은 노루를 말하죠. 즉, 노루귀의 매운맛을 가졌다는 것으로 두통, 치통, 복통 등 진통제로 사용한대요.

'믿음', '인내'의 꽃말인데요, 겨우내 차가운 흙 속에서 견디고 꽃샘추위에도 당당한 인내심. 이러한 인내는 멋진 꽃을 피우면 많은 사랑을 받는다는 믿음이 있기에 가능하겠지요. 봄비 속에 꽃샘추위가 오고, 비가 왔다 눈이 왔다 오락가락 혼미하지만 그래도 농부 입장에서는 많은 봄비가 오면 즐겁지요. 왜냐고요? 비 1mm에 7억 원 정도의 가치가 있고, 거기에 미세먼지 제거효과와 산불방지, 질소비료까지 봄에 오는 비님은 돈비올시다.

한 땀 한 땀의 정성
골무꽃

찬바람 몰아치는 겨울밤

호롱불 가물가물 거리고

거친 손 골무 끼고 앉아서

바느질하시던 그리운 어머님

  옛날에는 왜 그리도 추웠을까요? 뼛속으로 파고드는 한기와 추위
와 싸워야 하는 민초들의 삶은 힘든 고통의 시간이었습니다. 엉성한
흙벽 사이로 웃풍이 심하고, 아랫목만 겨우 따뜻하며 윗목은 냉기
가 가득한 집에서 시린 손을 화롯불에 녹이시며 바느질하시던 그리
운 어머님. 그 어머님의 손을 보호해 주던 골무! 그 골무를 닮았다는
'골무꽃'으로 꿀풀과에 속하지요. 열매를 감싸고 있는 꽃받침통 모양

이 골무를 닮았다고 붙여진 이름으로 이름을 지으신 분의 관찰력과
예리함에 찬사를 보냅니다.

　숲 속 그늘진 곳에서 서식하며 보랏빛 색채가 고혹적이고 꽃잎은
아우성치며 환호하는 자태를 뽐내기도 합니다. 이 자태만 보노라면
봄날 예쁜 골무 끼고 한 땀 한 땀 자수를 하고 있는 아가씨 모습이기
도 합니다. 그래요. 봄에 꽃피는 그 모습으로 꽃무늬 자수를 하고 있
는 고운 자태로 또 기억하시게요. 네모 줄기에 심장 모양의 잎도 있
기에 화단, 화분에 좋은데 정원에는 낙엽수 아래에 심는 것이 적합
하답니다.

생약명으로 한신초韓信草라고 하여 지혈, 토혈, 자궁출혈 등에 효능이 있다던데, 바느질할 때 찔린 손 지혈시켜 주려는 배려와 여성에게 좋은 효능으로 대변합니다. '고귀함'과 '의협심'의 꽃말인데요, 어머님의 헌신적인 사랑과 아가씨의 아리따운 자태가 고귀한 사랑으로 다가옵니다.

어머님의 자식 사랑은 무한하여 그 깊이와 가치와 무게를 형언하기 어렵지요. 그 사랑으로 자라난 사람들이 강한 의협심으로 밝은 세상을 만들어갈진대 고귀한 사랑을 주신 어머님은 대단하시지요. 또한 연인의 만남을 기약하며 사랑의 정표를 만들려는 아가씨의 고귀하고 숭고한 사랑도 엿보입니다. 꽃의 색채에서 꽃의 흔들거리는 아리따운 자태에서…

화사한 사랑풍차
앵초

앵~ 봄의 소리가 지축을 울립니다.

앵~ 봄의 기운이 화사하게 달려옵니다.

앵~ 앵 거리며 행복이 들어옵니다.

분홍빛의 화사한 봄처녀 〈앵초〉네요. 벚꽃을 닮았다는 이름인데 앵櫻은 앵두를 말하는 것으로 앵두꽃이 맞지요. 일본에서는 벚나무는 앵櫻이라 하며 벚꽃을 닮았다고 사쿠라소우サクラソウ라 하였데요. 우리는 그대로 직역해서 앵초라 하였다는 슬픈 이야기입니다만 이름이 정겹고 사랑스럽지요.

우리의 꽃이 우리 고유의 이름을 달지 않은 것이 많습니다. 나까이가 학명으로 명명한 것이 373종이나 되고, 금강초롱에서 하나부사가 등장하지요. 언제 우리는 우리 꽃에게 그들의 고운 이름을 불러 줄 수가 있을까요?

　자, 그래도 꽃을 보셔요. 순한 분홍빛의 색채가 친근하고 정겹고, 꽃잎이 사랑의 하트 모양으로 다섯 장이 빙글빙글 돌아가는 풍차 모양입니다. 따사로운 햇살 아래 부끄러운 듯 가만히 내미는 분홍빛 얼굴은 밝은 얼굴이요, 희망의 얼굴입니다. 희망, 순수의 고운 자태입니다. 봄 향기 그윽이 담고서 살포시 머금은 분홍빛 미소가 수수한 사랑과 행복입니다.

　"아가씨! 빙글빙글 춤을 춥시다."
　"아가씨! 사랑과 행복의 바람을 보내 주시구려."
　"걱정 마셔요. 모두에게 사랑과 행복을 드릴게요."

사랑의 풍차꽃인 앵초는 분화, 분경, 정원 모두가 적합하고요. 화분에 심어서 베란다에 놓고 관리하기 편하고, 정원에는 습한 곳에 심는 것이 생육에 좋답니다. 왜냐고요? 물을 좋아하는 성질이거든요. '행복의 열쇠', '가련' 등 꽃말이 많은데요, 화사한 봄처녀의 자태가 행복의 열쇠가 될 것이고, 모습이 가련하고, 연약하지만 화사하여 기운을 돋우어 주네요.

　사랑을 느낀다는 것은 어떠한 것일까? 어떻게 하는 것이 사랑에 대해서 아는 것일까요? 내 사랑하는 앵초가 피는 날, 슬픈 이름도 잊어버리고 화사한 봄빛과 따스한 바람에 사랑풍차를 돌리고 싶소이다.

춤추는 임하부인

으름덩굴

특이하고 신비한 암수의 모습에다

늠름하고 달콤한 향기는 기품 있네

덩달아서 춤추는 꽃송이 황홀하고

굴비처럼 늘어진 열매는 여유롭다

   토종 바나나로 알려진 '으름덩굴'인데요, 으름덩굴과로 암수가 따로 있답니다. 꽃잎 3장이 '*' 모양의 6개로 덮고 있는 것이 암꽃이고, 뭉쳐서 피는 작은 꽃이 수꽃이지요. 이름 유래는 열매의 과육이 투명하고 먹을 때 혀끝이 차가워 얼음과일이라고 하다가 으름으로 변했다는 것과 열매의 속살이 얼음처럼 보인다고 붙여졌다 하는데요, 사실 어름이라고 불렸던 것으로 기억됩니다.

맞아요. 이게 토종 바나나이거든요. 이 친구를 처음 본 순간 '아! 고것 참 특이하다'고 느꼈고, 은은한 향기와 특이한 모습과 줄기를 타고 가는 모습이 인상적이었지요. 열매를 임하부인林下夫人이라고 하는데요, 부인夫人은 남의 부인을 높여서 부른다고 하는데, 부인婦人이라 하지 않고 부인夫人이라 하는 것은 열매가 그토록 고귀하고 소중하기 때문이라고 봅니다. 예전에 사대부 집안에서는 자기 아내를 이르던 말이었다니 이해가 됩니다.

생약명으로 예지자預知子라고 하여 고혈압, 항암, 모유분비 촉진, 소변불통, 중풍, 신경통, 관절염 등에 효능이 있다고 합니다. 봄에는 특이한 암수의 꽃, 여름에는 덩굴성이라 돌담, 펜스를 치고 생울

타리용으로 최고입니다. 꽃과 함께 은은한 향기는 집안의 분위기를 한층 업그레이드 시켜주고요, 가을에 만난 귀부인의 속살 같은 시원한 열매는 덤입니다.

꽃말이 '재능'인데요, 연유가 아리송합니다. 혹 으름장을 놓으니 재능을 발휘해서 위기를 벗어나려는 것인가. 꽃자태, 향기, 열매의 효능, 줄기 잎의 나물 등 버릴 것이 없어서 재능이 많다는 것인가. 그런가봅니다. 어느 것 하나 버릴 것이 없고 효능이 많기에 재능이 많나 봅니다. 토종 바나나의 재능을 높이 사주게요.

큰꽃으아리

으아 멋지고 예쁘다.
으아 동글동글 화사한 미소의 꽃이
팔랑팔랑 유연자적 돌아가네요.

　속박감 없이 여유롭고 자유롭게 피어나는 '큰꽃으아리'입니다. 미나리아재비과로 낙엽 지는 덩굴성인데 으아리보다 크다고 붙여진 이름이지요. 이름 유래를 살펴보면,

　첫째, 줄기가 연약하지만 꺾으면 살 속을 파고들어서 으악 비명을 지르게 되는데 이 말이 으아리로 변했다는 설. 둘째, 열매가 응어리진 팔랑개비처럼 생겼고 응어리가 풀어져 변해서 되었다는 설. 셋째, 줄기를 끈으로 사용했더니 생각보다 강해서 으아으아~ 하고 놀

랬다가 으아리로 변했다는 설이 있는데 두 번째의 팔랑개비처럼 생겼기에 붙여진 이름에 신빙성이 있는 것 같네요.

하나 짚고 넘어갈게요. 저 우아하고 멋진 꽃잎이 꽃이 아니라는 이 불편한 진실을 어떻게 말하리오. 그러나 사실은 꽃이 아니고 꽃받침입니다. 꽃잎은 꽃술처럼 가늘게 수술 밑에 흔적만 있고 펼쳐진 8장 잎은 꽃받침이랍니다. 중앙에 세 줄로 된 선은 주위에 촘촘한 선이랑 꿀이 있는 중심부로 안내하는 지름길이라고 합니다. 뿌리를 위령선威靈仙이라 하는데 위威는 위엄 있고 강하다 하고, 영선靈仙은 신선과 같이 영험하는 뜻으로 풍습, 이뇨, 류머티즘, 신경통 등에 효험이 있다고 하네요.

꽃말이 '아름다운 마음'으로 따뜻한 느낌을 주네요. 아름다운 외모보다 아름다운 풍경보다 마음이 아름답고 고귀하지요. 꽃은 없고 꽃받침이 꽃을 대신하였으니 이것으로 대변했으리오. 꽃보다 아름다운 꽃받침이 얼짱, 몸짱보다 아름다운 마음이 한결 좋다고 이야기해주네요.

화려한 꽃은 개량 으아리인 클레마티스Clematis로 빨강, 핑크, 보랏빛으로 다양하고 200종이 넘고요. "당신의 마음이 진실로 아름답다."라는 꽃말이 있네요.

잔잔한 미소의 새색시

금낭화

나직이 고개 숙여 피어나 가녀린 꽃대에 하늘거리며,

하나둘 헤아릴 수 없이 초롱초롱 빛나는 꽃과 꽃송이.

새색시 고운 모습으로 적분홍 한복에 잔잔히 미소 짓고,

바람결에 흔들흔들 겸손과 순종의 고운 자태 아롱 지네.

산 계곡에 무리지어 탄성과 환희, 순수하고 찬란한 아름다움, 다
정하고 부드러운 색채 '금낭화錦囊花'랍니다. 글자 그대로 '비단 주머
니꽃', 등처럼 휘어지고 모란처럼 예쁘다고 '등모란', 여인들이 허리
에 차고 다니던 두루주머니(염낭)을 닮았다고 '며느리 주머니꽃' 등
많네요. 영어로 '블리딩 하트Bleeding heart'인데 피가 흐르는 심장이
란 뜻이래요.

이 친구는 몇 가지 주목할 게 있습니다. 먼저, 며느리밥풀꽃의 전설과 혼용하여 많이들 이야기하시던데 지금 피는 며느리주머니꽃인 이 친구와 가을에 피는 며느리밥풀꽃은 전혀 다릅니다. 꽃피는 시기도 다르고, 과도 다르고 색채는 비슷하지만 다르지요. 며느리가 밥맛을 보다가 시어머니에게 맞아서 운명을 달리해 무덤에서 나와 밥풀처럼 생겼다는 전설은 가을에 피는 며느리밥풀꽃이랍니다.

또 하나는 과科명인데요, 양귀비과와 현호색과로 표기되어 있는데 꽃이 멋지고 색채 등이 화려한 점은 양귀비과이고 하고夏枯현상 등 식물적 특성은 현호색과래요. 전 현호색과가 적합하다고 보는데 식물특성이 우선되어야 하기 때문이죠. 오래된 문헌에는 중국 원산이라고 하지만 지리산 일원에 대규모로 이렇게 자생하고 있고 며늘 취라고 맛있는 봄나물이랍니다. 타박상, 종기 등에 쓰이고 뿌리는 혈액순환을 좋게 하고 독을 없애며 피부병 등에 좋다고 하네요.

번식은 뿌리와 종자, 삽목도 되는데요, 뿌리는 꽃이 진 후 뿌리를 뚝뚝 잘라서 땅에 묻어 두면 새순이 나오고 종자는 6월경 콩꼬투리 모양으로 생기고 검은 참깨 같은 종자가 형성되어 있지요. 꼬투리가 터지기 전에 수확하여 모래와 혼용해 냉장고에서 보관하다가 10월경에 파종하면은 이듬해 봄에 발아하게 됩니다.

분화, 정원, 화단용으로 최고의 야생화입니다. 햇빛을 좋아하니 양지쪽에 심어야 되고, 햇빛을 잘 받아야 화색도 선명해집니다. 하고현상이 오면 화분에 심은 것은 땅에 묻어 놓는 것이 좋고 관리하기 편하고요.

꽃말이 "당신을 따르겠습니다."라고 하는데요, 꽃 모양과 순수한 자태에서 나직이 고개 숙여 겸손과 순종의 모습 그리고 부드러운 색채와 풍미가 어우러져 언제나 당신을 따르겠다고 '하늘하늘' '끄덕끄덕' 하고 있네요.

일편단심 내 사랑 민양

~ 민들레 ~

민양! 어디로 가는가?

민양! 어디로 갈거나?

훨훨훨 날아가는 그 모습 자유롭구나

산 넘어 강 건너 정처 없이 가는구려

언제나 자유롭게 날아 갈 수 있으려나

　주위에 흔하게 보는 일편단심 민들레야 노래로 유명했던 〈민들
레〉네요. 민들레라는 이름의 유래는 사립문을 열면 문 둘레에서도
항상 볼 수 있다는 '문둘레'에서 '민들레'로 되었다고 하네요. 강인한
생명력으로 민초를 닮은 민들레는 9가지 덕목으로 사랑받는데,

제1덕은 꿋꿋이 참고 견디는 인덕忍德

제2덕은 어떠한 역경도 이겨내는 강덕剛德

제3덕은 꽃이 차례로 피고 지는 예덕禮德

제4덕은 잎, 뿌리 등을 다 이용하니 용덕用德

제5덕은 꽃에 꿀이 많아서 다정다감한 정덕情德

제6덕은 잎, 줄기에서 흰 젖이 나오니 자애덕慈愛德

제7덕은 효능이 좋아 늙은이를 젊게 하니 효덕孝德

제8덕은 약으로 쓰이니 어진 인덕仁德

제9덕은 씨앗이 멀리 가는 씩씩한 용덕勇德

요즘 주위에서 보는 노란색의 민들레는 거의 서양민들레이고 토
종흰민들레는 보기가 어렵지요. 노랑민들레 중 총포(꽃대 끝에서 꽃의

밑둥을 싸고 있는 비닐모양 조각)가 붙여있는 것은 토종, 뒤로 젖혀있는 것은 서양민들레랍니다. 생약명은 포공영蒲公英이라 하고요. 꽃차도 좋고 요즘 김치 담가서 먹으니 쌉싸래하면서 감기는 맛, 거기에 쪽파의 아린 맛이 어우러져 끝내주는 맛이랍니다.

꽃말은 노랑민들레는 '행복과 감사한 마음'이고요. 흰민들레는 '내 사랑을 그대에게 드려요'라고 하는데 역시 일편단심 민양의 사랑이 모든 것을 드리려고 하네요. 사랑은 모든 것을 주고도 더 줄게 없나 살펴보는 거라고 하더이다. 주변부터 살펴보시면서 행복의 사랑을 나누어 보시게요.

할미꽃

어찌 하오

하얀 솜덜을 안으신 당신을!

어찌 하오리오

고부라져 꽃피는 당신을!

어찌 하오리까

흰머리의 애처로운 당신을!

외롭고 슬프면서 애잔한 꽃, 한국적인 한恨 정서를 가진 친숙한
꽃, 고향 향수 속에 동심으로 이끄는 꽃인 '할미꽃'이랍니다. 미나리
아재비과로 노고초老姑草, 백두옹白頭翁이라고도 하는데요, 늙은 시
어머니 풀이고 흰머리의 늙은이인데요, 꽃 목이 할머니처럼 꼬부라

져서 피고, 꽃이 질 때 노인의 흰머리처럼 된다고 해서 이렇게 붙인 거죠. 시집간 세 손녀 집을 다니면서 사시던 할머니가 부담 주기 싫어서 길에서 돌아가신 슬픈 전설 모두들 아실 겁니다.

당당하고 멋진 이야기도 있는데 꽃을 의인화해서 현실을 풍자한 설화로 신라시대 설총이 지은 화왕계花王戒랍니다. 화왕花王 즉, 꽃 중의 왕인 모란에게 장미가 미모와 요염함으로 아첨하자 할미꽃은 대도의 호연지기와 능력으로서 충언하여 모란왕의 잘못을 깨우치게 했다는 이야기이랍니다. 요염한 장미와 호연지기 할미꽃을 잘 비교했고 특성을 파악해 이야기를 만들었네요.

꽃대를 채취해 가위로 솜털을 제거하면 둥그런 공같이 되는데 가는 모래로 문지르면 씨앗이 분리된답니다. 한 송이에서 300여 개의 씨앗이 있으니 플러그판에 상토를 채우고 씨앗을 구멍당 3~4개씩 파종하시면 20여 일 후 싹이 나오지요. 잎이 4~5매 나오는 7~8월

경에 포트나 화단에 심으시면 되네요. 왜 이렇게 하냐고요? 이 친구는 직근이 깊고 잔뿌리가 적어 옮겨 심은 후 활착이 힘들거든요. 화단, 정원, 화분용으로 적절하나 꽃송이에 독이 있다는 것과 묘 주위에서 서식하고 있다는 점 때문에 화분용으로 기피하시데요. 동강할미꽃, 분홍동강할미꽃은 분화용으로 적합합니다.

  꽃말이 '슬픈 추억', '사랑의 굴레'네요. 꽃 모습이 할머니 모습이라 늙는다는 것이 서럽고 아쉬워 슬픈 추억이 되나 보고요. 전설에서 보듯이 손녀를 생각하는 할머님의 삶이 사랑의 굴레 같네요. 하얀 색채와 꽃 목이 구부러져 피는 모습 그리고 꽃이 진 후의 모습까지 모두 노인이 연상되지만 그래도 화왕계에서 보듯이 멋지고 당당한 충신의 표상인 꽃이랍니다.

제비꽃

제비 몰러 나간다.

제비 후리러 나간다.

우리 것은 좋은 것이여

아시지요? 판소리 한구절로 광고 방송으로도 유명 했지요. 제비가 오는 삼월 삼짇날부터 논두렁, 밭두렁에 피기 시작한다는 친숙하고 가련한 야생화. 앙증스런 작은 꽃이 옹기종기 모여서 찬란한 해님과 아지랑이와 종알종알 이야기하는 꽃 '제비꽃'. 꽃 모양이 나는 제비 같다고 하고 꽃이 지고 나니 잎자루의 윗부분이 날렵한 게 물찬제비 같다고 해서 붙여진 이름이래요. 또 이름도 다양하며 꽃의 꼭지가 어긋나 꽃 싸움을 한다고 '씨름꽃' 꿀주머니가 꼭 물음표

처럼 생겼다고 '여의女意'에 비유되기도 하는 등 많답니다.

제비꽃은 우리나라에 25종 자생하는데 논두렁, 길가에도 많지요. 남산제비꽃은 서울 남산에서 처음 발견돼 붙여진 이름이고, 노랑제비꽃으로 높은 산에 지금 피었지요. 그리도 보랏빛의 제비꽃은 논두렁, 밭두렁 주위에서 봄에만 쉽게 만날 수 있지요. 씨앗에 놀라운 자손을 널리 퍼트리려는 전략이 있답니다.

씨앗 끝에 하얀 알갱이가 붙어있지요. 이것이 엘라이오좀elaiosome 성분인데 이 성분을 개미들이 좋아해서 씨앗을 물고 가서 이 성분만 먹고 씨앗을 버리니 그래서 멀리까지 퍼지게 된다고 합니다. 또 씨앗이 봉선화꽃처럼 툭툭 터지기도 하는데 멀리는 5m까지 간답니다.

우리나라 전설은 없고, 서양 전설이 있는데 아티스를 사랑했던 이오, 이를 질투하던 비너스가 서로 다른 큐피트 화살을 쏘게 하여 사랑이 멀어진 이오가 비통해서 죽고 가련하게 여긴 이오를 비너스가 제비꽃으로 만들었다고 하네요.

꽃말은 '겸양', 보라색은 '진실한 사랑'이고, 흰색은 '티 없는 소박함'이며 노란색은 '수줍은 사랑'이라네요. 진실한 사랑과 소박함을 가진 꽃, 노랑제비꽃은 수줍어서 높은 산에서 살까요. 그래도 귀족색으로 어디에나 쉽게 만나는 보랏빛의 민초적인 제비꽃이 좋네요.

화엄사 주위에 '화엄제비꽃'이 있다는 문헌은 보았지만 몇 년을 찾아보아도 만날 수 없었지라. 멸종된 것인가. 아직도 숨어서 애를 태우는 건가. 아직 만날 때가 아니신가 봅니다.

산자고

하얀 별꽃 찬란한 해님과 눈맞춤 하고
따스한 봄볕에 고혹적 자태 뽐내면서
봄바람 따라 시뿐시뿐 춤추고 있네요.

봄나물 캐는 봄처녀!
도란도란 이야기꽃 피우며
잠시 눈길 주며 만난 야생화!

    토종 튤립인 '산자고'로 백합과에 속하는데 역시 햇볕을 받으면 꽃
잎이 쫙 펼쳐져서 6장의 꽃잎이 별 모양이 되고요. 밤에는 꽃잎이
달라지는데 자주색 줄무늬가 매혹적이지요. 즉, 꽃잎 안쪽은 흰색,
바깥쪽은 멋진 줄무늬. 잎이 무릇과 비슷하지만 꽃잎이 알록달록 무

늬가 있어서 '까치무릇'이라고도 하는데 하나 짚고 갈게요.

산자고山慈姑는 산에 사는 자애로운 시어머니라는 뜻이며 며느리 등창을 고쳤다는 전설도 있는데 왜 까치무릇이라는 좋은 말을 두고서 어려운 한자 이름을 사용했을까요? 이런저런 학설이 있던데 1930년대까지는 까치무릇이라고 사용했으나 1937년 조선식물향명집에서 산자고 이름으로 개명되었다는 것인데요, 그때가 일제 강점기이니 누군가 의도적으로 그랬을 겁니다. 까치가 반갑다는 좋은 말이니 말살할 의도가 있지 않았겠나 하는 생각입니다.

그도 그럴 것이 우리나라 식물 생태조사를 일본인 나까이가 총정리했거든요. 총독부에서 2개 중대 병력을 지원받아 백두산에서 한라산까지 그래서 할미꽃, 미선나무 등 특산종 학명에다 나까이란 이름을 넣어 버렸습니다. 이런, 바꿀 수도 없고 그저 울화통만 터집니다. 산자고를 '까치무릇'으로 제 이름을 찾아 주자고요.

꽃말도 '봄처녀'라고 참 예쁘거든요. 그래요. 까치까치의 봄처녀 꽃이거든요. 야산에 홀로 피어난 수줍은 봄처녀. 따스한 사랑을 받아야 마음을 열어주네요. 서로 따스한 말과 따스한 정성과 사랑을 모아서 봄처녀의 마음을 열듯이 마음을 열고 정을 나누며 살아가시게요.

바람난 여인의 지혜

얼레지

얼룩무늬 잎 위에 피어나

얼굴마다 미소가 가득한

얼짱이신 당신은 누구신가요?

해님과 만난 요염한 자태와

달님과 만난 고적한 모습의

얼굴을 가지신 당신은 누구신가요?

"네, '얼레지'라 하옵니다."

"외국에서 오셨소."

"아니라우. 순수한 토종 야생화입니다"

　백합과로 조금 높은 산에 사는데 '가재무릇'이라고 부르는데 요염하고 우아한 자주색 꽃이 매력적이죠. 얼레지란 얼룩이라는 우리말에서 유래된 것으로 잎에 얼룩이 있어서 이렇게 부른대요. 특이한 긴 낮에는 꽃잎이 열리고 밤에는 닫는대요. 웬 마술? 이는 꽃의 개폐운동인데 이른 봄에 핀 꽃들은 꽃술의 온도를 보호하려고 그런답니다.

　구근은 땅속 30cm 정도의 깊이에 사는데 어떻게 그렇게 깊게 들어갔을까요? 이것도 궁금하지요? 씨앗이 발아하여 꽃이 피려면 약 7년 정도 소요되니 말라죽지 않으려고 땅속 깊이 들어가는데요, 이는 개미의 힘을 빌리게 되죠. 바로 씨앗에 단백질과 지방이 풍부한 말랑말랑한 '엘라이오줌'이라는 성분을 붙여주면 개미가 제 집에 가져가서 먹고 씨앗을 버리니까 바로 깊은 땅속에서 발아하여 생육하게 된답니다.

꽃말이 '바람난 여인', '질투'인데요, 꽃잎이 확 펼쳐져 여인의 치마를 올린 것 같아서 바람난 여인이라 했다는데 너무 과한 표현이네요. 꽃이 땅 아래를 보고 피니 꿀벌이 잘 찾아오도록 화끈하게 꽃잎을 열어주고, 꽃잎 안에 W자 형태로 유도선까지 설치하여 꿀을 주고 수정하려고 한답니다. 자손이 귀한 집안의 대를 이어 주려는 여인의 지혜를 바람났다고 오인하신가 싶네요. 이러한 치밀하고 당당한 전략에 질투가 나서 두 개의 꽃말이 되지 않았나 하는 생각됩니다.

맑은 향기의 꽃미남

수선화

수려하고 청아한 꽃!

수덕하고 고매한 자태!

수수하고 달콤한 향기!

　노란 꽃송이와 고혹적인 재스민 향기를 가진 '수선화水仙花'이네요. 수선화과로 지중해 연안과 중국 남부가 원산이고, 원예종으로 개량되어 수천 종이 사랑받고 있는데 우리나라는 '제주수선'이 있답니다. 속명 나르키수스Narcissus는 그리스 신화의 나르시스 꽃미남 이름에서 유래되었다지요. 너무너무 유명해서 이야기는 생략하고, 그래서 꽃말도 '자기사랑', '자존심'이라고 하네요.

　수선화는 아주 오래전부터 친숙한 꽃으로 사랑받고 기록에도 등장하는데요, 성경 아가서에 "나는 샤론의 수선화요."라고 했고요, 마호메트는 "빵은 육신의 양식이요, 수선화는 영의 양식이다."라고 하였네요. 또한 추사 김정희 선생은 제주도 유배 시 제주수선화를 하얗게 퍼진 구름 같다고 감탄하고 청초하고 맑은 향기를 사랑하였는데 특히나 한양에서는 귀한 이 꽃이 보리밭에 사는 까닭에 농부들은 원수로 여기니 "모든 사물이 제자리에 있지 못하면 대접받지 못한다."라며 자신과 견주어서 비교하였다고 하네요.

잡초란 첫째, 사람이 원하지 않거나 바라지 않는 식물. 둘째, 제자리에서 생육하지 않는 식물. 셋째, 사람과 경쟁하거나 사람의 활동을 방해하는 식물들로서 사람들의 이용과 사랑에 따라서 꽃과 잡초로 구별되나 봅니다. 잡초가 끈질긴 생명력으로 묘사되지만 그 끈질긴 생명력으로 돈을 벌려는 농부 입장에서는 원망과 미움의 대

상이 됩니다.

달콤한 향기가 있어 화분에 심어서 실내나 실외에 가꾸기 좋고요, 정원에 군락으로 심거나 길거리에 심으면 황금빛의 화사한 색채와 향기로 봄의 기운을 제대로 느낄 수 있는 살가운 꽃미남이올시다. 그래요. 자기 사랑부터 하시고 자존심 세우고 살아갑니다. 자기를 사랑해주지 않으면 누가 사랑해주리오. 나를 위한 사랑과 자존심을 세우는 동행을 하시게요.

봄 향기를 가득 안고
생강나무꽃

봄꽃 마중 길에 만난 당신

가녀린 가지에 금반지를 끼우고

하늘하늘 반기며 찬란히 빛나더이다.

봄 향기 따라서 오신 당신

상큼하고 달콤한 향기를 안고서

섬진강 물결을 잔잔히 흐르더이다.

   눈부신 황금빛 꽃과 달콤한 향기가 고혹적인 '생강나무꽃'인데요,
녹나무과로 어린줄기와 잎에서 생강 냄새가 난다고 붙여진 이름이
죠. 산수유꽃과 혼동하시는데, 그도 그럴 것이 꽃피는 시기가 같고,
색채도 같으니 그냥 보면 구분하기가 어렵지요.

짙고 갈게요. 산수유꽃은 꽃잎이 4장으로 엉성하며 길고, 생강꽃
은 꽃잎이 5장으로 뭉쳐서 피어나지요. 산수유꽃은 진노란색이고
생강나무꽃은 연노란색으로 밝은 편입니다. 무엇보다 산수유꽃은
향기가 거의 없는데 생강나무꽃은 상큼하고 달콤한 향기가 있다는
것, 가까이 가서 척 보면 압니다. 생강나무꽃의 장점은 향기인데요,
고혹적인 향기가 나그네 발길을 붙잡고, 겨우내 지친 심신을 따뜻
하게 위로해 주지요.

또한 잎에서도 향기가 좋은데 어린잎을 먹는답니다. 신록의 5월
에 산에서 만난 생강나무 잎으로 쌈싸서 도시락 먹는 맛이 끝내주
지요. 상큼한 우드향과 생강향 혼합된 맛에 쌈장과 밥 향기가 어우
러진 맛! 환상적인 맛으로 산행 시 아는 사람만이 맛볼 수 있는 맛

으로서 직접 맛보셔야 이해하실 겁니다. 그리고 꽃을 따서 꽃차로 만드셔요. 꽃차 향기 좋고 일 년 내내 마실 수 있으니 좋고 혈압 조절, 어혈, 염증, 관절 등과 추위에 약하고, 팔다리가 부어 몸이 무거운 증상에 효능이 있어서 가까운 자리에 두고 날마다 마시면 좋습니다.

꽃말은 '매혹', '수줍음', '사랑의 고백'인데 욕심도 많게 세 개나 되네요. 꽃이 일찍 피어서 수줍음을 꽃 색채와 향기가 매혹적이고 이것을 모아서 사랑 고백을 하시면 되겠군요.

남바람꽃

무르익은 살가운 봄

싱그러움에 미소 짓는 초록빛

정겨운 꽃샘바람에 번져가네요.

초록빛 융단에 피어오르는 꽃!

한 올 한 올 용솟음치는 작은 꽃!

순백의 꽃에 붉은빛으로 치장하셨구려.

　남풍 따라 피어나는 하얀 꽃무리가 정갈하고 단아한 자태로 다가
옵니다. 생소한 꽃이지요. 그도 그럴 것이 저 역시 작년에 꽃이 질
때에 처음 봤고 올해에 고운 모습을 제대로 관찰하거든요.

　'남바람꽃'이라고 하는데 미나리아재비과로서 구례 지역에서 처음 발견되었다고 합니다. 2006년 제주도에서 미기록종인 가칭 한라바람꽃이 발견되었다고 언론에 보도되었는데 2007년 양영환, 이상태 님이 남방바람꽃이라고 논문에 발표하였지요. 그런데 이 친구를 최초로 발견하고 정체를 밝힌 분은 구례 출신인 박만규 선생님이랍니다. 1942년에 '남바람꽃'이라고 명확히 하였는데 뒤늦게 발견했다고 떠들썩했었대요.

　구례 사진작가 선배님이 알려줘서 군락지를 처음 가보았고, 보존과 생태와 번식방법 등 연구와 환경부에 멸종위기 보호식물 지정을 위해서 열심히 뛰고 있답니다. 그런데 안타깝고, 가슴 아픈 일들이 생겨납니다. 소문이 나서 사진작가들이 와서 사진 촬영한다고 식물을 짓밟고, 뭉개고, 심지어 뽑아가는 등 야생화가 살고 싶은 곳에 가만히 두어야 하는데 자기가 소유하려는 욕심과 명성을 얻고 돈을 벌려는 이기심 등 때문이겠지요. 우리의 소중한 자원 다 함께 보전하기를 고대합니다.

　꽃말이 '천진난만한 여인'이네요. 단아하고 정숙한 자태가 세상물정 모르는 천진하고 순진한 산골 여인이랍니다. 천진난만한 여인을 아껴주고 보호하게요. 저 순박한 모습, 저 순진한 미소, 저 순결한 자태, 오래오래 볼 수 있도록…

꿀벌과 함께 춤을
긴병꽃풀

"어서 오시게 꿀벌 친구!
그대들에게 좋은 꿀을 가득 드리겠소."

"어서 오셔요 모든 친구!
당신들께 고운 향을 듬뿍 드리겠소."

아름다운 입술 모양의 청초한 꽃잎들이
봄노래를 부르며 친구님을 초대했습니다.

꿀풀과의 '긴병꽃풀'로 연한 홍자색 꽃이 수런수런 옹알옹알 이야
기하듯이 부드럽게 피어나네요. 꽃부리가 병 모양이라서 병꽃인데
병꽃보다 좀 더 길어서 긴병꽃이고, 초본성이라 목본 병꽃과 구별

하기 위하여 끝에 '풀'자를 붙였지요.

병 모양 꽃에 꿀이 가득하여 벌나비가 많이들 오고, 잎에는 연한 박하향의 고운 허브향이 일품이라서 기분이 좋아지고 정신이 맑아지네요. 이 향기로 인하여 뱀들이 오지 않는다고 하니 집 주위나 농장에 심으면 좋고요. 30~40㎝ 정도는 꼿꼿이 자라지만 옆으로 퍼지면서 3~4m까지 자라기에 잡초 방지 등 지피식물地被植物로 딱이죠.

햇빛은 적당히 좋아해요. 그래도 서식하는 곳은 양지쪽인데 생육이 좋은 것은 1m 이상 자라기에 과수원에 딱이고요. 정원에도 적합한데 초장이 옆으로 자라는 특성으로 관상가치가 떨어지네요. 한약명으로 연전초連錢草라고 하는데 신장결석을 녹인다고 하며 피부미용에도 좋대요. 꽃말이 '영향'이라네요.

"그래, 어떠한 영향을 받았나?"
"그래, 어떠한 영향을 주었나?"

좋은 꿀과 향기. 뱀, 잡초, 건조 방지의 보호성 등 사람에게 좋은 영향을 주어서 그랬나? 효능이 너무 많은 정다운 친구라서 영양가 높은 영향을 주는 것은 분명하네요.

언제나 겸손한 윤씨
윤판나물

청초하고 윤기 나는 자태에

겸손하게 피어나는 꽃송이

은은하고 고운 향기 내놓아

나직하게 흔들리며 피네요.

  보일 듯 말 듯 노란 통꽃. 수줍은 여인의 자태와 겸손한 선비의 자세로 고개 숙여 '윤판나물' 인사 올립니다. 백합과의 다년초로 산에 가면 반갑게 맞아주며 잔잔히 가슴을 흔들어 감성에 젖게 하네요. 왜 윤판나물이라 했는가? 세 가지 설이 있는데 이것이다 하는 것은 없고요.

먼저, 겸손으로 민심을 얻은 윤판서 대감 같다는 전설에서 붙여진 이름이라는 설. 둘째, 귀틀집을 윤판집이라고 하는데 꽃받침이 윤판집 지붕과 닮아서 붙여진 이름이라는 설. 셋째, 잎, 꽃에서 윤기가 난다 하여 윤택할 윤潤 외씨 판瓣자로 윤기 나는 꽃잎으로 둥굴레처럼 먹을 수 있는 나물이라고 붙여진 이름이라는 설. 여러분은 어느 것에 한 표인가요?

전 마지막에 한 표! 식물의 특성을 잘 설명했고, 먹을 수 있다는 부연까지 있으니 적절한 이름이라고 생각됩니다. 그런데요, 아직까지 나물로 먹어보지 않아서 무슨 맛이라고 딱히 설명을 못 하겠소이다. 문헌에 둥굴레처럼 부드럽고 단맛이 난다고 하니 짐작은 가는 맛입니다.

화분용으로 강추! 초장도 적당하고 꽃, 초형 모두 적합하여 낙소분에 심어서 보면 더 고혹적인 모습인데 많이 모아서 심어야 더 멋지답니다. 한약명은 석죽근石竹根이라고 하여 기침을 멈추게 하고, 폐에 좋으며 체한 것을 내려가게 한다는 등 효능이 좋네요. 약초라서 나물로 드시면 아주 좋겠네요.

꽃말이 '당신을 따르겠습니다'라고 하는데, 나직이 겸손한 모습으로 꽃피는 모습이 순종적으로 당신을 따르는 모습으로 보였나 봅니다. 그런데 가부장적인 옛날에 남자를 따르는 의미로 사용했다는 생각이 드는 것은 무슨 연유일까요? 서로의 의견을 존중하고, 사랑하고 사랑하기에 순순히 당신을 따르겠다고… 남편이나 부인의 말을 따르는 것이 아니라 "서로의 당신을 따르겠습니다." 하는 말이 가슴에 와 닿네요. 과연 당신에게 언제나 겸손한 윤씨이시구려.

환희와 기쁨의 아씨
명자꽃

허공에 서성이는 햇살 따라

가지 끝에 웅크린 새봄이 깨어나네요.

한발 한발 다가오는 새봄

비가 오려는지 하늘빛은 흐리나

따스함이 잔잔히 전해 오네요.

"당신에게서 꽃내음이 나네요. 잠자는 나를 깨우고 가네요." 노래
가 생각나게 하는 꽃!

아가씨! 당신의 아름다움이 당신의 향기가 다가옵니다. 화사하고
편안한 자태의 당신이 아른거립니다. 아가씨! 눈부신 아름다움으로

오해를 받아서 푸대접을 받기도 하였다지요. 봄의 충동과 흥분으로 마음이 흐트러질까 봐…

봄의 환희와 기쁨을 전해주는 꽃 '명자꽃'이랍니다. 정식 이름은 '산당화山當花'라고 하는데 명자꽃으로 많이들 부르고 있네요. 중국 원산이며 장미과의 낙엽관목으로서 3월경에 피는데 멋들어지게 피어나네요.

봄소식을 전해준다는 '보춘화報春化', 꽃샘바람에 붉어진 아가씨 볼을 연상한다는 '아가씨나무', '애기씨나무', '처자화' 등 많은 이름이 있고요. 집안에 심으면 아녀자들이 바람이 난다고 울타리나 집 밖

에 심었다지요. 너무 아름다워서 푸대접받은 슬픈 이야기… 명자 씨. 이제는 당당하셔요. 시대가 변했으니까.

꽃에는 천식, 가래 제거와 위염, 근육통 등 효능이 있고 열매에는 구연산, 사과산 같은 유기산이 많아 피로회복 등에 좋다고 하네요. 꽃말이 '겸손'이래요. 새봄도 다가오니 모든 일에 감사하고 겸손해야겠네요. 오만과 편견 교만과 아집 그리고 모든 것 내려놓고, 버리고, 비우고 낮은 자세로 겸손한 삶을 살아가도록 하렵니다.

미스 김의 첫사랑

수수꽃다리

라일락 꽃피는 봄이면

둘이 손을 잡고 걸었네

꽃 한 송이 입에 물면

우린 서로 행복했었네

김영애님의 라일락꽃 노래를 같이 불러보시렵니까? 라일락은 영어 이름이고 우리말은 수수꽃다리이네요. 한자는 정향丁香, 불어는 리라꽃. 베사메무초에 리라꽃이 나오지요. 리라꽃 피는 밤 달콤한 향기에 키스해 달라는… 그래서일까요. 꽃말이 '첫사랑의 감동'이네요. 첫사랑을 믿지 못하는 것은 아련함과 설렘 그리고 풋풋함 때문이겠지요. 그리고 이룰 수 없었기에 감동적이고요.

수수꽃다리라는 이름은 수수+꽃다리를 합친 말로서 '수수'는 날 알갱이가 뭉쳐서 익은 이삭을 말하고, 꽃다리는 꽃이 다리 뭉쳐서 있다는 것이지요. 다리는 조선조 여인들이 머리채를 탐스럽게 보이기 위해서 덧넣은 가발인데요, 정리하면 꽃이 탐스럽게 뭉쳐 핀 모습입니다.

요즘 라일락, 수수꽃다리, 개회나무, 정형나무의 유전자가 뒤엉겨 시중에 있는 것들은 구별이 어렵지요. 엄연히 다른데 그게 편하게 라일락이라고 부르고 있는 현실이 안타깝습니다. 그리고 잊지 못할, 가슴 아픈 '미스 김 라일락'의 사연 아시지요? 1947년 미군정청 식물채집가인 엘윈 미더가 북한산 털개회나무에서 종자 12개를 받아서 미국에서 육종한 것이지요.

털개회나무는 키가 작고, 향기가 강해서 정원수로서 최고의 조건을 갖추었기에 새롭게 육종되어 큰 인기를 끌었어요. 그래서 자신의 일을 도와준 비서의 성을 따서 미스 김 라일락이라 했다네요. 우리 것의 소중함과 장점을 알 리가 없는 무지와 그 시절 거기까지 눈을 돌리지 못한 여건을 탓해야겠네요.

　　달콤한 향기와 탐스러운 꽃으로 멋진 정원수입니다. 아담한 정원에 이 친구 한 주 정도는 심어 놓고 달콤한 향기 속에 와인을 마시면서 계절의 여왕 5월에 첫사랑의 감동을 느껴보세요. 첫사랑의 감동을 다시 생각하시고 아련한 추억으로 하나하나 간직해 보시기 바랍니다.

봄처녀 시집가는 날

족도리풀

살포시 나올락 말락 숨은 듯이 피는 홍자색 꽃을
정열의 하트 모양 잎이 나직이 감싸주네요.

"그대는 어찌하여 숨어서 피는가?"

"그대는 무슨 일로 낮은 곳에서 사는가?"

"그대는 어이하여 잎줄기가 없는가?"

엎드려 꽃피는 모습을 보며 물어봅니다. 대답은 없지만 추론하면,
살아가는 생존 전략이겠지요. 꽃이 일찍 피니 꽃샘추위로 꽃이 높
이 있으면 동해 받기가 쉬우니 일단 키가 작아야 합니다. 벌나비가
오지도 않기에 다른 방법으로 꽃가루를 받아야 하겠지요. 그래서

지면에 가까이 피어서 지나가는 개미나그네를 초대하지요.

"개미 씨, 와서 보셔요. 날씨도 추운데 몸 좀 녹이고 가시구려."
마음 착한 개미 씨 거절하지 못하고 "날씨가 추우니 잠시만 있다 가
겠소." 그러나 막상 와서 보니 이리저리 뒹굴고 다른 방에도 가고
이렇게 자연스런 꽃가루를 받아 자손을 번성시킨답니다.

쥐방울과인 '족도리풀'로 '족두리풀'이라고도 하는데, 여인들이 머
리에 물건을 일 때 충격 완화와 수평잡기를 하면 족도리와 처녀들
이 시집갈 때 쓰던 족도리 모습이라서 이런 이름을 지었답니다. 하
트 모양의 사랑을 안고 족도리 쓰고 시집가면 큰누님의 시집가던
날이 생각나네요. 어린 시절 초례청에서 보았던 그 모습이 아직도
눈에 선합니다.

생약명으로 세신細辛이라 하는데 뿌리에서 매운맛이 나기에 지어

진 이름이라지요. 시집살이도 맵고 딱 맞는 말입니다. 꽃말은 '모녀의 정'이온데 너무 슬퍼요. 옛날 예쁜 아가씨가 엄청 예뻐서 궁녀로 뽑혀 갔고, 다시 중국 공녀로 가서 죽고 자기 집 뒷마당에 족도리 모양의 꽃이 피어났다지요. 딸을 그리워하는 어머니와 어머니를 그리워하는 딸의 아픔과 고통 그것이 승화되어 모진 정情이 되었으리라.

청아한 은빛향기

은방울꽃

백옥처럼 눈부신 꽃색!

부드럽고 은은한 향기!

가녀린 줄기에 송알송알

작은 꽃 나직이 피어나니

해맑은 바람이 찾아와서

방울 속 향기를 안아가네.

두 손 모아 펼치는 우아한 자태와 청아한 은방울 소리에 꽃바람친구가 더덩실 춤추는 순백의 '은방울꽃'입니다. 백합과로 계절의 여왕 5월에 찾아오는 가녀린 줄기에 송이송이 은방울 모양이 꽃이 핀다고 지어진 이름이고, 영란鈴蘭이라고도 한답니다. 맑은 향기와 청아한 은방울 소리가 들릴 것 같은데 가장 순결하고 아름다운 이미지로 '성모마리아' 꽃이라고도 합니다.

또한 5월 1일 프랑스에서는 지인이나 연인에게 이 꽃을 선물하면 행운이 찾아온다고 하며 결혼식 부케로도 사용합니다. 향기가 많고 좋아서 고급 향수에 이용하므로 향수화香水花라고도 하는 등 세계적 사랑을 받고 있답니다.

잎이 산마늘과 비슷하여 사고를 당하시는데 이 친구는 독초라는 사실, 잊지 마셔요. 산마늘보다 잎이 두껍고 거칠고 윤기가 없지요. 무엇보다 마늘향이 없다는 것만 아시면 됩니다. 화분용으로 최고입니다. 정원, 화단에 심을 때에는 나무 밑에 심어야 강한 햇빛으로 잎이 누렇게 되거나 타지 않으니 주의하십시오. 특히 조그만 화분에 심어서 꽃이 필 때 선물하면 청아한 향기와 함께 받으신 분이 무척 좋아한답니다.

꽃말은 '순애', '행복', '기쁜 소식' 등 여러 가지인데 모두가 좋은 이미지만 있는데요, 이 세 가지가 마음에 다가옵니다. 순애의 사랑으로 기쁜 소식을 주고서 행복하소서. 청아한 은빛 향기가 살랑살랑 살포시 다가와 순수한 사랑을 모든 분께 안겨 드리고 행복하게 해주실 것이라 믿습니다.

자란

화려한 홍자색 꽃송이가 수줍은 듯 살며시 아침 인사를 올립니다.

"안녕하십니까?"

"좋은 날입니다."

학처럼 우아한 날갯짓과 고혹적인 자태에 '이게 야생화 맞아?' 의문을 가졌던 '자란紫蘭'이올시다. 대왕꽃이라 하고, 난초과인데 상록성이 아니라서 애매한 난이지요. 자란이란 '자줏빛 난초'라는 뜻이며 꽃 색채가 곱고 꽃술 가운데가 주름진 것이 매력 포인트랍니다. 또한 잎맥이 뚜렷하고 부드럽게 아름답지요. 햇빛을 싫어하므로 반그늘에서 관리해야 잎이 타지 않는데 나무 밑에 심거나 화분에 심

으면 반그늘에 놓아야 한답니다.

　자란 꽃 속에 들어가서 꿀을 따려는 꿀벌의 몸부림이 안타깝네요.
아시나요? 꿀벌이 꿀을 얻기 위한 노력은 꿀 1kg을 얻으려면 꿀벌
1마리가 4만 번을 출역해야 한답니다. 한 번 출역 시 30~50㎎의
꿀을 수집하므로 560만 송이 꽃을 찾아다녀야 하지요. 1분에 10송
이, 하루에 6백 송이의 꽃을 찾아다닌다고 하니 얼마나 많은 수고로
움인가요. 꿀벌이 없어지면 농작물 수확은 급격히 줄어들고 그러면
인류는 기아에 허덕이게 되는데 요즘 꿀벌이 자꾸만 줄어들어 걱정
입니다. 토종벌은 낭충봉아부패병으로 거의 멸종했으니…
　덩이줄기를 백급白及이라고 하는데 폐를 튼튼히 하고 위궤양과 지
혈작용을 한답니다. 화분용으로 적합하고 화단, 정원용으로 무난합

니다. 햇빛은 중간 정도로 봄에는 햇빛이 잘 보이는 곳이 좋지만 한 여름에는 반그늘이 잎을 보호할 수 있답니다. 뿌리 생육이 왕성하므로 화분이 심으면 3년 정도 후에는 분갈이를 해주어야 해마다 충실한 꽃을 볼 수 있다는 점 잊지 마셔요.

꽃말은 '서로 잊지 말자. 서로 잊지 않는다'네요. 홍학이 유영하는 것 같은 매력적인 모습을 잊지 마셔요. 그리고 서로의 약속도 잊지 마셔요. 서로의 신뢰와 신의니까 말 약속도 잊지 않는 멋진 친구가 되시라고 일깨운 야생화인가 봅니다.

향기의 여왕
백화등

눈부신 하얀 꽃 찬란히 빛나며
달콤한 향기는 빙그레 웃으면서
지나간 나그네 발길을 붙잡누나.

싱그러운 초록잎 고상한 단풍 되어
팔자로 펼치는 꼬투리 의젓하고
날개단 씨앗들 두둥실 배회하네.

달콤한 향기를 무어라 말하리~
연둣빛 신록을 어떻게 말하리~
다정한 단풍을 이렇게 말하리~

달콤하고 그윽한 꽃향이 아롱지듯 빙글빙글 사랑 바람을 불고요.
스물스물 연둣빛 덩굴은 서로를 의지하며 해님께 다가가네요.

이 친구는 '백화등白花藤'이죠. 마삭줄과 비슷한데 잎이 둥글고 꽃
도 약간 크며 덩굴로 나무, 바위 등을 휘감고 있어 입체적이지요.
향기는 재스민과 비슷하여 더욱 사랑스럽고 바람개비 모양의 꽃이
꽃향기 바람을 살랑살랑 불어 주는 모습이랍니다.

더 매력적인 것은 계절에 따라 옷을 갈아입는데 표현하면 봄에는
연둣빛 드레스로, 여름에는 하얀 꽃과, 우아하게 검푸른 옷으로, 가
을에는 해님과 입맞춤 붉은 드레스로 만추의 여정을 덩굴과 손잡고
하얀 눈꽃 피우며 겨울을 낭만으로 장식하지요. 이렇게 사계절 아
름답고 예쁜데 유행한 말로 "그때그때 달라요." 그래서 더 멋지고
예쁘네요.

'백화등白花藤'의 꽃에서 씨앗까지 일 년 과정을 압축했네요. 달콤하고 상큼한 향기를 가진 꽃. 빙글빙글 바람개비 돌리면서 향기도 빙글빙글 돌아가네요. 꽃말이 '매혹', '속삭임'이고, 마삭줄이 '하얀 웃음'이랍니다. 향이 매혹적인 예술품이라 할 수 있고, 속삭이는 모습으로 피어나기에 달콤한 향기와 영원한 사랑을 만들어 가시는 진선미 향의 결정체이고, 향기의 여왕이올시다.

엉겅퀴

태양(太陽)을 닮은 꽃,

태양을 향해 쏴라!

어디를 봐도 만질 수 없을 것 같은 꽃송이,

까칠한 잎과 수많은 가시들.

엉겅엉겅 거리며 조심스러운 야생화인데요, 그러나 부드럽고 따스한 색채와 강렬한 이미지의 자태가 새로운 모습으로 다가옵니다. 국화과의 '엉겅퀴'로 피를 엉기게 하므로 붙여진 이름이고, 가시가 많아서 가시나물이라고 한다지요.

생약명은 대계大薊라 하며 플라보나이드 성분이 체내 알콜을 분해해서 배출하고 고혈압, 혈액순환, 피부질환 개선, 지혈 등 효능이 있다고 합니다. 영국에서 '실리마린'이라는 간기능 개선 약이 시판

되고 있답니다.

정원에 군락으로 심어서 관상할 수 있으나 이 친구의 특성은 좋은 약성이므로 꽃은 꽃차로, 잎줄기는 나물로, 전초는 발효액을 담그면 최고입니다. 특히 꽃차는 붉은빛이 나고 향기도 좋아서 사랑받는 차이기도 하답니다.

이 친구는 스코틀랜드 국화로서 바이킹 침입 때 가시에 찔리는 바람에 발각되어 나라를 구했대요. 그래서 국화로 지정되었다고 하는데 우리와 같은 엉겅퀴가 아닌가 봐요. 유럽 엉겅퀴는 문헌이나 도감을 보면 가시가 엄청 무섭게 생겨서 우리 것과 달라도 너무 달라요.

성서에도 엉겅퀴가 창세기 3장 17-18절, 마태복음 7장 15-16절 등 다섯 번 등장하는데 우리나라 엉겅퀴와 다른 가시수레 국화

같다고 봅니다. 꽃말은 '독립', '고독한 사람'으로 스코틀랜드 독립과 연관이 있을 것 같고, 고독한 사람은 생김새로 접근하기 어려운 데서 연유된다고 할까요.

사진은 카친이신 광양 정유선 님께서 귀한 사진을 흔쾌히 보내주셔서 한결 좋아졌네요. 도도하고 가까이 오기를 거부하는 이 친구가 좋은 친구님을 만나서 부드럽고 다정함으로 더불어 정겨운 자태로 고독한 마음을 위무하여 마음이 따스해지네요.

파안대소하는 당신
백두산파

파김치가 되도록 일했으며

파란만장 인생을 살았으니

파릇파릇 생기를 불어넣고

파안대소 웃으며 살아가세

파~

모두들 웃읍시다.

꽃일까요? 꽃으로 보이시나요? 산파가 꽃을 피웠지요. 모든 꽃들
이 피어나니 제 혼자서 있을 수 없었나 봅니다. 몇 년 전 지인이 백
두산에 다녀와 종자를 주어서 시험포에 심었더니 이렇게 많은 가족
들이 늘어났지요. 이름하여 '백두산파'인데요, 이상한 이름같지만
백두산에서 처음 발견되어 이런 이름이 붙여졌답니다. 파는 양념

채소로 많이들 드시는데 "파 송송 계란 탁"이라는 광고가 유명했고 "피곤하면 파김치 됐네.", "검은 머리 파뿌리 되어라."의 결혼 덕담 등이 많이 있지요.

백두산파는 둥근 공 모양의 꽃이 자주색이고, 파는 흰색이고요. 매운 맛은 비슷하나 향은 산파가 강하고 맛이 더 있더라고요. 매운 향이 노화 방지와 식욕 증진 그리고 전초에서 혈압 강화, 빈혈 등 건강 힐링식품으로 주목받고 있는 멋있는 친구랍니다. 텃밭이나 꽃박스에 길러서 채소로 먹고, 꽃도 보고 일석이조一石二鳥이죠.

꽃이 진 후에 꼬투리에서 검은 빛의 종자를 얻을 수 있고, 이 종자를 다음 해 봄에 파종하면 됩니다. 강건하여 병충이 거의 없어서 가꾸기는 무난하답니다. 허브 일종인 '차이브'와 비슷하여 스프나 각종 요리에 사용해 보세요. 톡 쏘는 향긋한 맛을 느낄 수 있답니다.

　이 친구는 꽃말은 '무한한 슬픔'이라네요. 왜 이러한 슬픔이… 연
유는 알 수가 없는데요, 꽃도 예쁘고 효능도 좋은데 유한한 슬픔도
아니고 무한한 슬픔이라니 이상하지요. 참고 견디라는 인내력을 주
시려나 봅니다.

　파~ 이런 파, 저런 파도 아니고요 내 파, 네 파도 아니랍니다. 더
우기 조폭의 무슨 파도 아니고 그저 우리는 언제든 파안대소하는
웃는파, 미소파, 폭소파, 박장대소파를 만듭시다. 이보다 무서운 파
는 없고요, 제일 건강하고 서로에게 좋은 웃음이올시다.

3美 3味의 마법사
❧ 눈개승마 ❧

황량한 산야에 붉은빛으로 용솟음치는 씩씩한 기상!

부드러운 깃털처럼 살포시 어울거리는 자태!

하얀 꽃무리 살랑살랑 춤추는 소담하고 눈부신 꽃!

세 가지 아름답고 세 가지 맛이 난다는 '눈개승마'입니다. 울릉도 지역에서 먹었던 나물인데 요즘 최고의 나물로서 각광을 받아 전국에서 재배되고 있답니다. 칼슘, 비타민, 베타카로틴, 인, 사포닌까지 몸에 좋은 성분이 함유되어 힐링 식품이라고 열광하고 있지요.

눈개승마란 '누워 있는 개승마'라는 뜻이며 장미과로 깃털처럼 겹잎에서 잎 끝이 뾰족하고 가장자리에 톱니도 있고요. 여기서 주의가 필요합니다. 비슷한 개승마, 왜승마, 승마 등이 있는데요, 이들

은 미나리아재비과라는 것, 이는 독초라는 사실 명심하시게요. 개
승마는 단풍잎과 비슷하고 왜승마, 난형 등이랍니다.

　이 친구는 이름도 예쁜 '장미과'로 노는 친구들이 다르지요. 새봄
붉은빛으로 소생하는 모습만 봐도 가슴이 쿵쿵 기운이 나고, 살짝
데쳐서 조물조물 무쳐서 쌀밥에 먹는 맛! 죽여주지요. 주성분이 샤
포닌이라 인삼 맛이 나고, 단백질이 풍부해서 고기 맛이 나며 풋풋
하고 쫄깃한 두릅 맛이 나서 삼나물이라 한다지요. 그래서 고깃국
에 넣으면 더 고소하고 풍미가 깊어진다고 하네요. 분화용 화단용
에 적합한데요, 정원이나 텃밭에 심어서 나물용으로 권장하고 싶습

니다. 특히 절개지나 경사지에 심으면 억센 뿌리로 토사유출을 막을 수 있으니 장점이고요.

'산양의 수염'이라는 꽃말이 있는데요, 봄의 끝자락에 피는 하얀 꽃이 산양의 수염처럼 보였나? 어린 순을 산양이 좋아한다는 것인가? 산양의 수염은 권위와 위엄의 상징이요, 한편으로는 교만도 상징하는데 적절히 나타내는 것은 숭고한 멋이라고 규정하고 싶네요. 그래요. 멋들어진 할아버지의 근엄한 모습이 이 친구의 진정한 모습이고 세 가지가 아름답고 세 가지 맛! '3美 3味 마법사'올시다.

소담하고 눈부신 소녀
미나리냉이

"소박한 꽃을 가지신 당신, 냉이꽃이오."

"아니라우."

"그럼 미나리이신가?"

"미나리도 아닌데요."

"그럼, 무어란 말이오. 대답하시오."

"소녀, '미나리냉이꽃' 이옵니다."

늦은 봄, 습지의 계곡에 하얀 꽃으로 피어나는 미나리냉이의 꽃은 냉이꽃처럼 생겼고, 잎줄기는 미나리처럼 생겨서 붙여진 이름이지요. 꽃잎이 네 장, 열 십자 모양으로서 십자화과로 분류되는데 황새냉이 꽃과도 비슷하답니다.

소담하면서 눈부신 하얀꽃! 청초하고 앙증스런 모습에 시원한 연듯빛이 누군가를 기다리는 그리움의 꽃인가 봅니다. 그리움은 사랑으로 변해서 이팝, 백화 등 아카시아꽃으로 릴레이 하듯이 피어납니다.

잎이나 잎줄기에서 냉이 맛이 나는데요, 어린순을 데쳐서 찬물에 우린 후 무쳐서 먹거나 국에 넣어서 먹지요. 하지만 맛있는 나물은 아니라고 생각됩니다. 봄에 한번 먹는 별미로서 특별한 맛인 게지요.

꽃말이 "당신에게 모든 것을 맡깁니다."라고 하는데요, 당신께 모든 것을 맡기고 바치니 믿음과 사랑 때문이겠지요. 우리 다시 뒤돌아보고, 신뢰할 수 있는 사람이었고, 그런 인생을 살았는지 사색에 잠겨 봅니다.

내가 누구인지 말하는 것이 왜 두려운가요?

내가 어떠한 사람인지 밝히는 것이 부끄러운가요?

당신에게 나는 어떠한 존재이고 어떠한 사람인가요?

　스스로 물어보고 반문하여 보니 생각이 차분하게 정리되더이다. 나는 당신에게 모든 것을 맡길 수 있는 생각을 가졌고, 그런 삶을 살아 왔는지 되돌아보는 시간을 만들어 보았습니다. 나만의 장벽을 쌓고, 나만의 고독한 성에서 갇히는 운명의 건축자가 되지 않기를 바라면서…

친구, 한잔하게나
병꽃

소중하신 친구여!

꽃으로 빚은 동동주를 호리병에 가득 담아 가리라.

꽃 안주로 꽃 한잔 봄 한잔 해보세나.

사랑하는 친구여!

봄빛에 익은 꽃향기를 호리병에 듬뿍 안아 가리라.

상큼하고 달콤한 백화등 향!

풋풋하고 달달한 아카시 향!

싱그럽고 그윽한 찔레꽃 향!

모든 꽃향기를 모아서 꽃잔치 열어 보세나.

꽃술에 취하고 향기에 취해서

꽃송이가 붉은빛이고 내 얼굴도 붉은빛이며
친구님도 붉은빛이니 천자가 삼홍(三紅)이로세 얼쑤 좋다!"

그래요. 인동과로 한국 특산식물인 '병꽃'인데, 강인하고 꽃피는 기간이 20여 일로 길어서 조경수로 사랑받고 있네요. 병꽃이란 꽃 피기 전 봉오리 모습이 '호리병'을 닮았다고 하고 꽃이 진 후 열매의 모습이 병을 닮았다고 해서 붙여진 이름이라 하네요.

그런데 활짝 핀 모습은 고깔 모양이고 꽃 색깔도 연녹색과 붉은색 두 가지로 요술쟁이 나무올시다. 처음 피는 꽃은 연녹색이고, 점차 붉은빛으로 변해 가는데 그냥 변하지는 않을 것입니다. 아마 수정 이 끝나면 꽃 색채가 변한다고 보는데요, 괭이눈도 그렇고, 인동초 등도 자손 번식 임무완료 표시로서 나비와 꿀벌도 오는 수고도 덜어주고 석양 노을이 화사하고 장엄하게 빛나는 것처럼 멋진 모습의 친절한 병꽃 씨이지요.

꽃말이 '전설'이래요. 꽃들은 저마다 전설이 있는데 그냥 전설이라니 이해가 되지 않네요. 호리병에 술을 가득 담았기에 애주가의 전설인가? 향기를 듬뿍 담을 수 있어 귀부인의 전설인가? 꽃 색이 변하니 마법사의 전설인가? 모든 분들의 전설을 만들어 보셔요. 모두들 꽃향기 한잔 또 한잔을 마시면서 봄에 취하여 보십시다.

해님 따라 빛나는 보석
금난초

솔바람과 어깨동무하고서

새소리에 장단 맞춰 춤추며

해님 따라 찬란하게 빛나는

"당신은 누구신가요?"

황홀한 금빛을 치장하고

가녀린 자태에 매료되어

고적한 모습에 하늘거린

"당신은 누구신가요?"

"나는요 금빛 찬란한 난초라고 해서 '금난초' 라고 하외다."

'금 나와라 뚝딱' 고적한 산속에 금빛 보석으로 빛나는 난초과의 고귀한 야생화인데요, 그런데 꽃이 활짝 핀 모습은 없고 반쯤만 피어 있는데 왜 겸손함인가요? 부끄러움이신가? 살짝 감추는 미덕이신가? 그래서 더 멋지고 고귀하게 보이기도 하네요. 살포시 살짝만 보여주는 매력이시나 산에 가서서 예쁘다고 가져오시지 마셔요.

이 친구는 균근과 같이 공생하기에 옮겨 심으면 살기가 힘들어진답니다. 그저 이 자리에서 내년에도 금빛 찬란한 꽃을 피워 많은 사람들에게 사랑받고 만나며 새소리와 물소리에 어깨춤 추면서 구름과 해님 따라서 노닐 수 있도록 해주셔요.

꽃말이 '주의', '경계'라고 하네요. 고귀하고 찬란한 금빛 꽃이 놀라지 않게 주의하고 많은 사람들이 볼 수 있도록 경계하시게요. 숲속의 찬란한 보석이고 보물인 야생화를 서로서로 주의하고 경계하여 사랑하면 다른 야생화와 눈부신 조화를 이루어 세상을 아름답고 위대하게 할 것입니다.

맥아더 장군은 "작전에 실패한 지휘관은 용서할 수 있어도 경계에 실패한 지휘관은 용서할 수 없다."라고 하면서 경계에 대해서 강조하곤 하였는데 그 의미를 알겠어요. 군대 다녀오신 분은 귀가 닳도록 듣는 말인데 이 친구를 보면서 다시 일깨워지네요.

알싸하고 풋풋한 맛

산마늘

파아란 하늘빛 따라서 날고픈 파랑새 자태에

가녀린 꽃대를 웅크린 하얀색 둥근 공 되었고,

송송이 눈부신 구슬이 초록빛 신록을 닮았소.

알싸하면서 풋풋한 마늘 향!

새콤하면서 달콤한 깊은 맛!

쌀밥과 삼겹살에 어우러진 그 맛!

백합과의 외떡잎식물인 '산마늘'로 봄나물 중 최고의 맛과 향이 있기에 황제나물이라 하지요. 지금은 둥근 공 모양의 하얀 꽃이 피어 꽃으로도 멋진 자태를 뽐내는데 새순 사이에 올라오는 웅크린 꽃대와 시기별로 변하는 모습이 정겹네요. 헌데 새순의 잎이 독초인 '박새'와 비슷해서 난감해지는 일이 발생한대요.

먼저 산마늘은 잎이 2~3장이고, 잎을 옆으로 찢으면 쉽게 찢어지면서 마늘향이 나고요. 박새는 잎이 여러 장 있고, 잎맥에 주름이 많아서 옆으로 찢으면 쉽게 찢어지지 않으며 향이 없지요. 은방울꽃 잎도 비슷하오니 잎을 잘 보시고 고생하지 마세요.

하나 더 짚고 갈게요. 단군신화에 마늘과 쑥을 먹고 곰이 웅녀로 환생했다는 이야기는 모두 다 아실 것인데, 마늘은 중앙아시아가 원산지라서 그 시기에는 존재하지 않았을 것이고, 생마늘만 먹고서 오랜 기간을 견딘다는 것도 이해가 어렵지요. '달래'라고 주장하는 분도 계시던데 제 생각엔 산마늘 잎을 먹고서 환생했을 거라고 보이네요.

울릉도로 이주한 사람들이 양식이 떨어져 산마늘을 먹고서 생명을 이었다 해서 명이나물이라고 부르는 구황식물이라는 점, 강원도에서는 신선초라고 부른다는 점, 마늘과 달래보다 먹기도 편하고, 식용부위가 많아 오랜 기간 견디기 좋다는 점, 이 세 가지인데 공감하시는가요?

산마늘 효능은 다 아시지만 언급하고 갈게요. 비타민E 등 좋은 성분이 많아 노화 방지, 면역력 증진, 콜레스테롤 제거, 소화 촉진, 노폐물 배출, 자양강장 등이래요. 이 정도면 만병통치네요.

꽃말이 "마음을 편하게 가지세요."라고 하네요. 마음을 편하게 모든 것이 마음에서 시작된다고 했는데 마음이 편하면 모든 것이 좋지요. 모든 근심걱정과 욕심, 번뇌 등을 잊어버리고 탐욕에서 벗어나는 것이 마음이 편해지는 것이라고 생각됩니다.

살가운 향기구름
가막살

가 – 가까이 오시구려

막 – 막역한 사이인데

살 – 살갑게 지내세나

눈꽃처럼 눈부시고

솜털처럼 부드럽고

구름처럼 포근하고

알알이 작은 꽃송이 모여서 조잘거리는 구나.

인동과의 가막살나무에서 피어나는 구름처럼 생긴 '가막살꽃'입니다. 밤꽃 비슷한 향기를 산야에 토해내어 정겨운 모습으로 가막살이라는 이름은 나무껍질이 거무스름해서 붙여진 말이고, 겨울까지 붉은 열매가 있어 가마귀쌀이라고 해서 유래되었다고 합니다.

이 친구의 가장 좋은 점은 꽃이 적고 하얀색이라 압화押花 소재로 인기입니다. 작은 꽃이 5월에 피는데 빨강, 노랑, 파랑 색상별로 물올림 해서 압화 작품과 열쇠고리 등 생활소품에 아주 좋지요. 꽃이 적어서 매력적이고 유용하게 쓸 수 있습니다. 빨간 열매는 겨울까지 있어서 정원수로도 좋고, 추위와 굶주린 새들의 먹이도 되지만 피로 회복, 스트레칭, 위궤양, 노화 방지, 소화 촉진 등 효능이 있어 발효액이나 약술을 담그시는 분들이 많데요. 줄기와 잎을 협미자莢迷子라고 한다지요.

꽃말이 "사랑은 죽음보다 강하다."라고 합니다. 얼마나 사랑이 강렬했으면, 얼마나 사랑이 소중했으면, 얼마나 사랑이 위대했으면 죽음보다 강하다고 했을까. 눈부신 하얀 꽃 때문이고, 은은한 밤꽃 향 연유에다 빨간 열매를 베풀기에 가능하다고 봅니다. 가깝고 막역한 사이끼리 살갑게 살을 맞대고 정겨운 이야기꽃 밤새도록 피워서 가슴속에 간직하여 죽음보다 강한 사랑이기에 죽음도 두렵지 않은 로미오와 줄리엣 같은 사랑을 일깨워 주나 봅니다.

이러한 의미를 일깨워 주는 이 친구를 가까이 심어 놓고, 그 의미를 되새기며 우아한 포즈로 와인 한잔하실래요.

몽실몽실 둥글게
공조팝

몽실몽실 복스럽게

둥글둥글 탐스럽게

복슬복슬 포근하게

살랑살랑 요염하게

땡글땡글 싱그럽게

   몇 번을 보고 또 봐서 이렇게 표현한 이 친구는 '공조팝'입니다. 몽실하면서 둥글고 복스럽게도 생겼다 했더니 훈풍에 살랑거리는 모습은 요염하더이다. 그래서 싫어했는데 비 온 뒤 빗방울에 탱글탱글 싱그럽게 다가온 이 친구의 다섯 가지 모습이네요.

   그런데 향이 너무 약하지요. 사월에 피는 조팝나무 꽃은 달콤한 향기가 고혹적인데 공조팝 꽃은 향기가 없지요. 공처럼 꽃이 뭉쳐 피어서 공조팝이라 했다는데 크기도 생김새도 마치 골프공 같아요.

그저 울타리용으로만 보았던 이 꽃이 압화押花 소재로 최고의 가치를 인정받고 있는데요, 꽃이 적고 흰색이며 목본성에 꽃 수량이 많기 때문이랍니다. 특히 흰색꽃은 염료로 물올림을 해서 빨, 주, 노, 초 등 무지개색으로 만들어 압화 작품이나 생활 소품에 유용하게 사용되기에 사랑받고 있지요.

이 친구 꽃말이 '노력'이라는데요, 송대관 님 노래 〈해뜰날〉의 "안 되는 일 없단다 노력하면은"이 생각납니다. 그런데 요즘은 노력해도 안된다고 하지요. 노력도 금수저를 물고 태어나야 되는 것이지 흙수저를 물고 태어나서는 어림도 없다고 한탄합니다.

노력은 100% 성과의 기준치라면 노력은 200%, 300% 성과를 내
야 한다는 것이라네요. 노력해도 바뀌지 않는 현실을 풍자하는 이
말이 없어지고 노력한 만큼 성과가 있고 모두가 행복했으면 좋겠지
요. 뭉실뭉실한 저 꽃처럼…

둥글게 둥글게
빙글빙글 돌아가며 춤을 춥시다!

따뜻한 엄마사랑
찔레꽃

뚝뚝뚝

해님이 창문을 두드리고

살금살금

고운 향이 비집고 들어옵니다.

서정적인 하얀 꽃!

달콤하고 고운 향!

부드러운 새순줄기!

네. 엄마표 '찔레꽃' 인데요,

엄마일 가는 길에 하얀 찔레꽃

찔레꽃 하얀 잎은 맛도 좋지
배고픈 날 가만히 따먹었다오
엄마 엄마 부르며 따먹었다오

이연실 찔레꽃 노래를 부르며 슬프면서 따스했던 어머니의 정과 사랑을 느끼어 봅니다. 배고팠던 어린 시절을 회상하여 보고요. 그랬지요. 아릿하면서 달달한 맛! 질겅질겅 씹으면서 소꿉놀이도 하고 논두렁, 밭두렁을 뛰어다니며 놀았던 동심의 세계가 그립군요. 찔레 순을 같이 먹던 친구들은 모두 흩어져 밥벌이로 바쁘고 이따금 만나면 반백의 머리에 주름살이 늘어만 가고 세월이 빠르게 가는군요.

장미과로 '찔레, 들장미'라고도 하고, 가시가 많다 보니 잘 찔려서 찔레꽃이라고 했다지요. 꽃말이 '자매간의 우정'이라고 하는데요, 전설에서 연유되었나 봐요. 고려 때 찔레와 알래 자매가 살았는데 찔레가 원나라 공녀로 가게 되었다지요. 운 좋게 고향에 동생을 보러 왔지만 동생을 찾아서 산야를 헤매다 쓰러졌고, 거기에 하얀 꽃이 되었기에 자매간의 우정이 맞네요.

달콤하고 그윽한 향기와 하얀 꽃송이 자태가 장미꽃의 조상답게 품위가 있고요. 어머님의 서정적인 모습과 고운 향이 가슴속에서 언제나 피어있는 영원한 꽃이랍니다. 이 세상에서 가장 좋은 냄새가 어머님의 냄새인 것처럼요.

함박웃음의 연금사

∼ 함박꽃 ∼

하이얀 공이 부풀어 창공을 날아 보려는가.

해님을 따라 펼쳐진 당신 봄빛 가득 담았구려.

순백의 접시 위에 꿀나비의 향연을 열고서

고운 향기 하늘빛에 담아 보내 주시는가.

　　미나리아재비과의 탐스러운 산작약인데 '함박꽃'이라고도 하지요. 순백의 하얀 꽃이 함박웃음 지으며 피지만 불과 2~3일이면 꽃이 지기 때문에 아쉬움과 허전함을 주는 꽃이기도 하네요. 꽃이 함박만큼 크다는 데서 함박꽃이라 했는데 함박은 요즘 보기 힘든 나무를 깎아서 만든 큰 그릇의 일종이고요, 산목련을 함박꽃나무라 하는데 이 친구들은 초본성이라 다르답니다.

　산작약은 멸종위기 2급식물이고, 꽃술이 붉은빛이 나는 것이 특이라고 고운 향기가 일품이지요. 백작약은 꽃술이 노란색이고 향기가 거의 없는 섯이 특징이고 적작약과 함께 뿌리는 약용으로 많이 재배하고 있답니다. 작약 뿌리는 여성의 신약으로 진통, 해열, 위통, 요통, 부인병 등에 효험이 있대요. 개화기간이 짧은 것이 흠이나 화단, 화분용, 정원용으로 키울 수 있고, 집단 재배 시 크고 탐스러운 꽃이 모여져 장관을 이룬답니다.

　꽃말은 의외로 '수줍음'으로 저 멋진 꽃을 피고서 수줍어하다니… 그래요. 수줍음으로 찬란한 해님을 보기가 부끄러워서 꽃이 일찍 지네요. 산속 깊은 곳에 숨어서 힘겹게 꽃을 피웠으나 해님은 어찌 그리도 잘 찾는단 말이오. 빨간 속살을 잠시 보여주고 서둘러 자리를 뜨는 것은 수줍음 때문은 아닐 것이지요.

수줍음은 '나를 아는 것' 그래서 겸손해지려는 것 아닌가요. 교만
하거나 거만하지 않도록 살아가려는 모습이 아닐는지… 부끄러움을
모르고 사는 사람이 그 얼마이며 수줍음 자체를 잊어버린 현실이
안타깝습니다. 함박웃음 지으며 피어나는 순백의 꽃이 그것을 대변
하여 주고 웃음의 연금사로 다가옵니다.

묵향의 고결한 선비

붓꽃

꽃봉오리 묵향이 가득한 붓으로

꽃잎은 나비처럼 너울너울

잎은 예리한 칼처럼 씩씩하고

문무(文武)를 겸비한 나비꽃 되어나네요.

　귀족색인 보랏빛의 '붓꽃'은 피기 전 꽃봉오리가 먹물을 가득 먹
은 모습이라고 지어진 이름이고, 잎은 예리한 검劍 같지요. 칼 도刀
는 날이 한쪽에만 있는 것이라 살생유택의 의미로 장군도, 은장도,
식도 등으로 불리고 검劍은 칼날이 양쪽으로 예리하게 서 있어 살생

용이지요. 검객, 검투사 이렇게 쓰이지요. 그래서 붓꽃은 문무文武를 겸비한 양반꽃이며, 고결한 묵향墨香의 선비꽃이라고 할 수 있지요.

　붓꽃 중 제일 먼저 피는 각시붓꽃은 꽃이 제일 예쁜데 꽃 중에 각시가 붙으면 예쁘다는 의미입니다. 꽃잎에 하얀 줄무늬가 있는 것은 꿀벌을 꿀이 있는 곳으로 유도하는 안내선이랍니다. 금붓꽃은 노랑병아리 모양 함성을 지르며 피어나는데 붓꽃 중에서 제일 작고요. 노랑 붓꽃과 달리 꽃이 끝에 한 송이만 피어난답니다.

　마지막 솔붓꽃은 보라색 꽃이 피는데 자포연미라고도 하죠. 멸종위기식물 2급이기도 하며 뿌리가 철사처럼 강인하고 억세서 길쌈하던 때, 풀칠할 때 쓰던 솔을 만들었대요. 그래서 이름도 솔붓꽃이라고 했다고 하네요. 각시, 금, 솔붓꽃 모두 키가 30cm 이내여서 분화, 분경, 정원수 아래 하층식재로 적합하여 사랑받고 있는데 여러 붓꽃을 보면 야생화가 더없이 아름답고 고혹적이라 할 수 있지요.

서양에서는 아이리스Iris로 개량되어서 원예용으로 되어있어 정원에 많이 심어서 사랑하고 있지요. 우리의 작고 앙증스런 자태가 더 예쁘고 멋지게 보이는 것은 순수한 아름다움일 것입니다. 꽃말은 붓꽃, 금붓꽃은 '기쁜 소식'이고, 각시붓꽃은 '기별', '존경', '신비한 사람'이에요. 붓꽃류 모두 의미가 있고 좋은 꽃말을 가졌기에 좋은 기별만 오고 존경받는 신비한 사람이기를 기원합니다.

구름 속에 아가씨

털진달래

구름을 벗 삼아 피었으나

야속한 바람에 흔들리어

자태를 뽐내지 못하누나

꽃잎을 조심히 어루만져

아쉬움 달래어 주었노라.

　지리산! 늙은 시어머니인 마야고 산신께 제사드리는 노고단에 갔습니다. 구름과 노닐던 가지가지에 탐스런 꽃이 피었나니… 신기함과 아름다움에 탄성을 자아냅니다.

　"시어머니의 처녀 시절 모습인 게야!"

"그랴. 꽃 사이에 복스러운 솜털이 앙증스럽지. 그치?"
"맞네 맞아! 구름 속에 아가씨 꽃이랑께."

　그래요. 환희에 빛나는 꽃송이마다 아름다운 숨결과 화사란 솜털마다 따스함이 깃들어 있더이다. 구름과 노닐다가 해님을 조우하는 꽃들의 아우성이 메아리칩니다. 지리산 노고단 구름 사이로 '털진달래'가 피었습니다. 진달래과로 5월 중순경에 홍자색의 탐스런 꽃을 피워 등산객의 탄성을 자아내는 꽃이랍니다. 진달래보다 늦게 피고 어린 가지와 잎에 털이 많아서 털진달래라고 한다네요. 털이 많은 이유는 높은 산에서 살아가야 하니 추위에 견디기 위해서 털이 많았던 것이지요.

진달래는 꽃이 잎보다 먼저 피는 선화후엽형이고, 철쭉은 잎이 먼저 나온 후 꽃이 피는 점이 다르죠. 또한 진달래 꽃잎은 먹을 수 있어서 '참꽃'이라 하고, 철쭉 꽃잎은 먹을 수 없어서 '개꽃'이라고 부르기도 합니다. 분재용, 석부작으로 최고의 소재입니다. 꽃 채색도 화려하고 나뭇가지나 수형이 아름다워 정원에도 안성맞춤이고요.

꽃말이 '신념', '청렴', '절제'인데요, 아무리 생각해도 꽃과 연결이 안 되는데요, 무슨 연유로⋯ 높은 산에서 살아가려면 신념과 절제된 생존 방식이 있겠지요. 지위가 높으면 나라를 위하는 신념을 가지고 청렴하게 절제된 생활을 리더로서 솔선수범하라는 뜻인가 하고 생각합니다.

봉황을 꿈꾸며
백선

꽃에도 등급이 있다면 이 꽃은 궁궐에 어울릴 것 같아요. 그 꼿꼿한 자태가 그렇고 그 화려한 색채가 그렇지요. 더욱이 뿌리가 봉황 鳳凰을 닮았다고 하니 말입니다.

운향과에 속하는 '백선白鮮'인데요, 운향과 친구들은 향들이 특이하고 강하면 약효가 많은 것이 특징인데 초피(젠피), 산초 등이 있거든요. 그러나 이 친구는 생선 냄새 비슷한 향으로 고운 향은 아니네요.

줄무늬가 있는 꽃이 특이하여 얼핏 보면 인기 절화용인 '알스트로메리아' 같은데요, 정원이나 화단에 집단으로 심어서 꽃이 만개할 시 그런 느낌을 받으며 적은 화분보다는 큰 화분에서 관리하는 것이 적합하답니다.

생약명으로 백선피白鮮皮라고 하여 두통이나 황달 치료제로 쓰이는데, 글쎄 뿌리가 봉황을 닮았다고 해서 '봉삼'이라고 고가에 판매하신 분이 있다고 하네요. 하늘이 내린 영약이라고 거의 만병통치라고 하시던데 이 세상에 만병통치약이 있을까요? 제 경험상 없답니다. 단방약은 한 가지에 좋으면 한 가지가 나쁜데 즉, 위에 좋으면 간에 안 좋고 그런 식으로 보시면 됩니다. 사람 체질에 따라서약이 될 수도 독이 될 수도 있으니 전문가와 상의하여 드시는 것이 바람직합니다.

꽃말이 '방어'랍니다. 알겠네요, 알겠어. 꽃에서 생선냄새 비슷한 향기가 나는데 벌레가 침입하면 더 강한 냄새를 발산한다고 하네요. 뿌리에서도 생선냄새가 나는 등 자기방어를 철저히 하는 친구올시다.

나비 중에서 가장 친숙하고 화려한 날개로 어울어울 우아한 날개짓에 매료되어 정신없이 바라보던 호랑나비를 모두들 아시지요. 호랑나비는 운향과인 산초, 초피, 탱자 등에 살지만 거의 백선에 알을 낳고, 애벌레가 잎을 먹고 나비가 된다고 하네요. 왜 백선을 좋아하는 것일까? 학자들의 연구에 의하면 생존전략이라고 하던데요. 나비 생존율은 3% 정도이기에 천적들에게 먹히지 않으려고 냄새가 고약한 백선에 알을 낳고 잎을 먹으면 애벌레 몸에서 냄새가 나서 천적들이 싫어한다고 합니다. 대단한 전략과 치밀한 방어술이네요.

"호랑나비야 날아라! 멀리멀리 날아라!" 〈호랑나비〉 가수 김흥국님 노래가 흥얼거려지네요.

당신의 맑고 달콤한 향은 어디서 왔나요?

당신의 그윽하고 고운 향은 어디 있나요?

당신의 상큼한 향은 어디에서 나오나요?

둥글둥글 둥그런 꽃에서

끝없이 뿜어내는 향기는

서로서로 좋아해서

서로서로 사랑해서

서로서로 안아주고

서로서로 밀어주고

서로서로 아껴주며

그래요. 서로를 생각하는 '서향瑞香'으로 서瑞는 상서로움이니 '상서로운 향기'라는 뜻이 되는데요. 스님이 잠결에 맡은 향기가 좋아서 수향受香이라고 하였다가 상서로운 향기라는 서향이 되었다고 합니다. 맑고 달콤한 향기가 천 리까지 간다고 천리향이라 했으니 가히 그 향을 짐작하고 남을 것입니다.

팥꽃나무과로 상록성이라 겨울에도 싱그러운 잎이 있고, 수형도 아담하게 잎도 멋지고요. 동글동글 공처럼 뭉쳐서 피는 자태가 곱고 붉은빛이 도는 자주색 꽃이 활짝 피면 안쪽은 흰색이 되지요. 정원수로서 최고이고요. 화분에 심어서 가꾸어도 좋은 자태를 주고 꽃은 방향제와 꽃차로도 이용할 수 있네요.

커피 광풍에 녹차산업이 위기라고 하더이다. 도시에 한 집 건너 커피숍인데 커피처럼 달콤함과 쓴맛과 요염하지 않으면서 멋과 풍류의 그윽한 향기가 있는 꽃차! 당신과 나의 건강과 품격을 높여 줍니다. 꽃차는 유리잔에 마시기에 빨강, 연노랑, 꽃차마다의 화사한 색채를 볼 수 있기에 낭만적이죠. 바람 부는 날 꽃차 한잔 같이하시지요.

'꿈속의 사랑', '불멸', '명예'라는 꽃말이 있는데 꿈속의 사랑이 이 친구와 어울릴 것 같구려. 누구나 꿈이 있고, 누구나 꿈을 꾸지요. 달콤한 향기를 맡으며 꿈속의 사랑, 일장춘몽일지라도 가슴속에 남은 아련한 사랑 멋지지 않나요? 가슴속에 간직되는 꿈은 희망이라 불멸이고, 영원한 사랑으로 고운 향기가 남아 있겠지요. 그리고 어쩌면 스님이 잠결에 맡았던 향기를 알 수도 있을 것 같소이다.

고독한 방랑자
홀아비꽃대

꽃으로 불러주지 않는
당신을 무어라고 말하리.
외로이 홀로 서 있는
당신을 어떻게 위무하리.

숲 속에서 방랑하고 있는 '홀아비꽃대'와 '옥녀꽃대'올시다. 꽃 같지 않아서 꽃 이름 대신 꽃대라고 하는데 꽃대의 잎끝이 꽃을 감싸고 있는 특이한 모습이랍니다. 그도 그럴 것이 꽃잎이 없이 수술만 있는데 그게 꽃잎처럼 보여서 꽃대라고 한답니다.

두 개의 꽃대가 각각 다른데요, 홀아비꽃대는 꽃술이 약간 굵고 짧으며 옥녀꽃대는 하얀 꽃술이 가늘고 길지요. 거제도 옥녀봉에서 처음 채집되어 학계에 보고되어서 홀아비꽃대와 다른 종으로 인정

받았지요.

홀아비와 옥녀꽃대! 잘 어울리는 궁합이올시다. 꽃 모습은 관상가
치가 없지만 이 친구는 진미가 뿌리에 있지요. 뿌리의 상큼하면서
부드럽고 감미로운 향기가 끝내줍니다. 그 향기는 고혹적으로 홀아
비 냄새가 이래도 되는 건가 반문하는데요, 옥녀꽃대를 만나서 둘
이서 사랑해서 그런가 봅니다. 즉 사랑의 향기죠.

꽃말이 '외로운 사람'인데 꽃대가 하나라고 외롭다 하지 마소. 군
락지 가면 몇 개씩 군락지를 이루고 있고 사랑향기가 있으니 외로

움을 싹 가셨으리라. 홀아비꽃대만 알고 있었던 때에는 이 친구만 만나면 짠하다는 생각이 들었더이다. 그도 그럴 것이 모든 것이 초라해 보이고 불쌍해 보였거든요. 옥녀꽃대가 발견되고 우연히 뿌리 냄새를 맡고 나서 인식이 바뀌었네요.

"그래. 보이는 것이 전부가 아니구나."
"모든 식물에는 향기가 있듯이 사람마다 장점이 있구나."
"그래. 장점만을 이야기하고 키우도록 배려하자."

소인은 남의 단점을 이야기하고, 대인은 남의 장점을 이야기한다는 성현들의 말씀도 새기어보았고요. 나를 되돌아보고 야생화 세계도 다시 보게 되는 것이 이 친구와의 만남 덕분이었네요.

논두렁길에 사랑가

금창초

"이보시게. 하늘이 무거워서 그러신가?"

"이보게. 논두렁이 포근해서 그러는가?"

"어찌 포근한 대지와 논두렁만 끌어안고 계시는가."

"봄기운이 가득한 흙냄새,

겨우내 뜸했던 농부님, 종알거리는 종달새

무엇보다 아지랑이의 아롱진 모습이 그리웠나이다.

그래서 나직이 조용히 누워서

해님과 마주 보며 그리웠던 모습들을 많이 보려고

이런 모습으로 있지요."

꿀풀과의 금창초金瘡草 꽃이 분홍빛이라 분홍금창초 또는 분홍금

란초라고 하는데요, 내장산 주위에서 처음 발견하여 내장금창초라고 하는 것이 정확한 이름이라고 한다네요. 금창초金槍草라는 이름 유래는 부스럼, 줄기를 일컫는 창槍에 생즙 등을 발라서 치료했다는 설과 쇠붙이金로 생긴 상처에 발랐다는 설이 있는데 두 가지가 맞다고 보고요. 내장금창초보다 '분홍금창초'가 이름도 예쁘고 정겹고 사랑스럽네요.

분홍빛 꽃송이가 두 팔 벌려 사랑하는 이들을 맞이하고
찬란한 봄 햇살을 가득 안아서 사랑이 찬란히 빛나더이다.
스르렁 스르렁 어깨동무하고 옆으로 옆으로 고운 빛으로
양탄자 만들어 고운 님과 봄맞이하시는구려.
송알송알 꼬마인형의 사랑가에 아롱진 아지랑이
사랑의 왈츠를 추고 있고요.

정겨운 모습과 멋진 고태는
논두렁 농부에 차지가 되었네요.

    화단, 화분용으로는 가능하지만 논두렁 등에 풀이 무성하여 하고
현상(夏枯現象 여름에는 잎줄기가 마르는 현상)으로 볼 수가 없다는 점이 아
쉬운 대목입니다. 꽃말이 '참사랑'으로서 꽃의 자태가 참사랑을 갈
구하는 노래를 부르는 모습이고요. 부드러운 색채와 양탄자처럼 나
직이 피어나는 모습은 참사랑을 갈구하는 연인들이네요.

온화한 하늘제왕

매발톱꽃

다양한 색채로 하늘거리는

자태는 제왕의 기상이요.

매서운 발톱을 내세운 모습은

두려움 대상이라.

그래요. 미나리아재비과의 '매발톱꽃'인데요, 하늘빛을 닮은 '하늘매발톱', 짙은 하늘빛의 '산매발톱', 하얀색의 '흰매발톱', 주황빛의 '매발톱' 그리고 겹꽃으로 이루어진 빨간빛의 '빨간매발톱' 등 다양한 매발톱인데요, 꽃송이 위에 꽃뿔이 매의 발톱처럼 매섭고 무섭게 생겼다고 붙여진 이름으로 꽃색에 따라서 이름을 붙였답니다. 저 뿔 뒤에는 꿀주머니를 숨겨놓은 영민함도 보여 주었네요.

　이 친구는 교배가 잘되고 종자가 잘 맺혀서 번식이 아주 쉬운데요. 흰색, 빨간색, 노란색은 육종된 품종으로 시중에 '아킬레기아'라고 판매되고 있지요. 꽃색도 선명하게 뚜렷하고 생육도 왕성한데 이것은 교잡종이라 자가채종 시 꽃모양이 여러 가지로 나와서 관상가치가 떨어지는 점 유념하시게요.

　분화용, 화단용, 정원용 모두 적합하여 강추입니다. 특히 꽃 상자에 장식하면 행사용으로 최고의 인기를 받고, 길거리나 화단에 다양한 연출이 가능합니다. 종자는 꽃이 진 후 6월에 받아서 즉시 파종하면 20일 경과 후 발아되고 이듬해 개화한답니다. 또한 다년생이라 한 번 심어 놓으면 해마다 세련되고 우아한 꽃을 볼 수 있으니 더욱 좋지요.

　꽃말이 하늘매발톱꽃은 '행복', '승리의 맹세'이고, 매발톱꽃은 '근심', '바람둥이', '버림받은 애인' 등 다양하게 많은데요, 매발톱꽃이 교배가 잘 되고, 종자도 잘 맺히니 바람둥이라고 했나 봅니다. 그러니 애인도 버리는 등 문제를 일으키는 말썽꾼(?)이군요. 그러나 하늘빛을 닮고 하늘을 향해 피어난 하늘매발톱은 이런 가운데 지조를 지키는 승리의 맹세를 하였고, 그래서 행복했노라고 생각됩니다.

풍류의 여름 야생화

우아한 선녀 날개 옷

꽃창포

훨훨

너울너울

날고 싶어라 나비처럼

모든 잡념과 일과 그리고

그물처럼 얽매인 속박들을

벗어 버리고 싶어라

이 친구를 보고 있으면 이런 생각이 불현듯 나는 것은 무슨 연유
일까요? 꽃들은 때에 따라서 조건이 맞을 때 피어나지만 사람의 마
음은 이리도 표리하고 있네요. 적자색 꽃잎을 살포시 젖히고 피어난
꽃송이가 감미로운 미풍을 타고서 눈부신 신록으로 날아가려는 '꽃

창포'입니다.

먼저 붓꽃하고는 꽃 색깔이 다르고, 꽃피는 시기도 붓꽃이 빠르고요. 창포와 잎만 비슷하지 창포는 천남성과이고, 잎과 뿌리에서 향이 좋아 단옷날에 머리 감을 때 사용하지요. 이 친구는 적자색 꽃에 노란 반점까지 멋을 냈지만 향기가 없으며 붓꽃과이고, 우리나라 특산종으로 보호대상이랍니다. 산야의 습지에 서식하며 뿌리줄기를 옥선화라 하여 건위, 두통, 관절염 등에 사용한대요.

꽃말이 '심부름', '우아한 마음'이래요. 전설에 의하면 하늘에서 선녀가 심부름을 내려왔는데 심술궂은 구름이 무지개를 감추어 올라가지 못했고, 선녀는 꽃이 되었는데 우아한 날갯짓하려는 자태의 꽃창포가 되었다지요.

보라~

저 황금빛의 용솟음을!

보아라~

저 황금날개의 어눌거림을!

보시게들~

저 황금 같은 고귀한 모습을!

　연못가에서 수련들과 어울려 피어난 '노랑꽃창포'이네요. 이 친구는 유럽이 원산지로서 구한말에 선교사에 의해 들어온 귀화식물이지요. 아주 씩씩하게 아무데나 잘 자라고 씨앗으로 번식이 잘되며 연못이나 하천변에 심으면 예쁘지요. 특히 황갈색의 수염뿌리가 길게 나와 수질 정화를 한답니다. 꽃말은 "당신을 믿는다."라네요.

수줍은 선화씨
메꽃

아침이슬 알알이 이고서
반짝반짝 해님을 반기네.
찌르르륵 새소리 듣고자
송이송이 나팔을 닮았네.

논두렁에 '메꽃' 친구들이 옹기종기 모여서 아침을 맞이합니다. 나팔꽃이라 오해하는 분도 계시는데요, 나팔꽃은 일년초로 새벽에 피어 오전에 시들지만 이 친구는 아침에 피어 저녁에 시들죠. '메'는 희고 살찐 뿌리를 말하며 이를 구황식품으로 먹었기에 메꽃이라고 하였답니다.

당뇨 등에 좋다고 하는데 생약명으로 선화旋花라고 하네요. 선旋은 '돌다'라는 뜻이니 아시겠지요. 또 하나의 '갯메꽃'이 피어납니다. 육지에 메꽃하고 꽃 자태는 같은데 잎이 둥근 편이고요. 바닷가에 서식한다고 '갯'자를 붙여서 부른답니다.

황량한 모래사막
타들어간 목마름을 어이할고.
삭막한 모래언덕
뜨거워진 태양빛을 어찌하리.
끝없는 모래밭에
밀려오는 외로움을 어찌하노.

끝없는 고통과 번민에서 살포시 안겨지는 비단 같은 촉감과 목마름을 호소하는 꽃의 메아리가 울리는 대청도의 사구沙丘인데요, 사구란 모래언덕으로서 바닷가의 바람에 의해서 만들어졌대요. 그래서 모래가 비단같이 부드럽고 모래알같이 곱답니다. 외로운 모래와 모래가 모여서 부드러운 화선지가 되어 잔잔히 다가옵니다.

바닷가 모래밭에 손가락으로 당신을 그립니다. 마음을 그릴 수 없는 안타까운 현실의 괴리. 사람의 알 수 없는 마음을 모래밭에서 다시 생각해 보면서 고혹적 눈빛의 저 꽃을 보네요. 메마른 모래밭에서 악착같이 살아와서 분홍빛 고운 자태로 피어나 실바람에도 꺄르르, 빙그레, 싱글벙글 하네요.

바람결에 수줍은 듯 하늘거리는 꽃, 그래서 꽃말이 '수줍음'인가 봅니다. 외로운 섬 대청도에 살지만 강인하게 버티고 찾아오는 나그네에 방긋방긋 웃으며 살포시 수줍음을 감추고 있구려.

잠자는 초록공주

석잠풀

한줄기 고고하게 일어나

층층이 고운 꽃이 피었고

하나둘 친구들이 모여서

연분홍 꽃무리가 내 맘을

감싸며 부드럽게 오네요.

꿀풀과의 '석잠풀'로 이름이 친근한 것 같기도 아닌 것 같기도 하
네요. 누에 아시지요? 뽕을 먹고 실을 토해 고치솜 만들며 그 실을
명주라 하온데 명주로 짠 게 비단이지요. 누에는 다섯 번 잠을 자고

허물을 벗으며 커 가는데 초잠, 두잠, 석잠 잘 때 꽃이 핀다고 석잠풀이라 했대요. 그리고 뿌리가 누에를 닮았고, 색채도 누에색이라서 '초석잠'이라는 이름이 붙여졌다고 해요.

그래요. 석잠풀과 초석잠은 다릅니다. 석잠풀을 꽃이 분홍색으로 피고, 잎이 타원형이며 뿌리가 길게 뻗고요. 초석잠은 잎이 곰보배추 닮았고, 뿌리가 살찐 골뱅이처럼 생겼지요. 중국에서 들어온 누에형과 일본에서 들어온 고동형 두 가지가 있는데 골뱅이 같은 고동형이 많아요. 즉, 석잠풀은 야생화이고, 초석잠은 재배하는 약초라고 규정됩니다.

석잠풀은 불면증, 신경쇠약, 고혈압 등에 좋고, 초석잠은 뇌에 좋아 치매 예방, 혈관계 개선, 변비, 간질환, 피부, 여성질환 등에 좋다고 하네요. 가을에 수확하는 뿌리가 약효가 좋다는 것 아셔요?

줄기가 마르기 전에 겨울을 나기 위해 모든 양분을 뿌리에 축척하기 때문이지요.

　꽃말이 '설원의 여인'인데 무슨 의미로 이렇게 했는지 연계가 되질 않고 이해가 되지 않네요. 설원雪原에서 약초를 캐서 질병을 고쳤다는 전설도 없고, 뿌리가 눈처럼 하얀빛이라서 그런 것도 없어요.
　다른 의미는 없는지 이것저것 살펴보니 중국에 '설원說苑'이라는 설화집이 있데요. 선현들의 행적이나 일화, 우화 등을 수록한 교훈적인 내용을 담은 책인데요. 여기에 '지혜의 여인을 지칭'하는 것이 아닐까 하는 조그만 생각을 하여 봅니다.

근심걱정 없는 어머님
원추리

황금빛 꽃물결에

수천의 나팔소리

걱정을 밀어내고

근심을 없애주어

마음을 달래주네.

지리산 노고단에 황금빛 꽃송이가 끝없이 밀려오는 운해에 함초
롬히 고개를 내밀고 꽃물결을 치고 있소이다. 그 이름은 '원추리'인
데요, 백합과로 노란통꽃을 하루 한 송이씩 되어 하루 피는 나리Day
lily라고도 하며 근심걱정을 없애주어 망우초忘憂草라고도 하지요. 또
한 이 꽃을 품고 있으면 아들을 낳는다고 의남宜男 등으로 불리는 친
숙한 민초들의 야생화로 사랑받아 왔거든요.

노고단에 살고 있는 원추리는 줄기에 골이 파여 '골잎원추리'라 하고, 예쁘고 은은한 향이 있는 '각시원추리', '애기원추리', 주황색에 무늬가 있는 '왕원추리' 등 다양한 종이 있답니다. 해발 1,507m 노고단은 지리산 3대주봉 중 하나이고 수많은 야생화가 살아가는 천상화원이지요. 원추리가 제일 예쁘고 만개할 시기는 7월 말에서 8월 초순이랍니다. 장마도 끝나는 시기 노고단에서 신선의 기분을 느껴 보십시오. 그러나 해가 갈수록 꽃들이 개체 수가 줄어가고 있어 안타깝답니다.

이 친구가 새롭게 주목받고 있습니다. 카로틴 성분으로 노화 방지와 이뇨, 요통에도 좋고 최근 항암 성분이 있어 연구가 진행되고 있거든요. '넘나물'이라고 하여 맛있는 나물 중 하나로 봄에 새순이 올라올 때 데쳐서 무치거나 된장국에 넣으면 맛이 아주 좋지요. 그러나 늦게 큰 것을 먹으면 독이 있으니 주의하시기 바랍니다.

꽃차도 좋고, 밥 위에 얹어서 꽃밥을 지어 보세요. 꽃의 달짝지근한 맛과 향이 어우러져 환상적인데 피기 전 봉오리에 꽃망울을 제거하고 꽃잎만 사용하셔요. 9월 종자를 채종하여 바로 또는 겨울에 파종하시면 다음에 3월부터 발아하고요. 화단, 길거리, 정원용으로 조성하면 한 달 정도 꽃을 볼 수 있네요.

지리산 최고의 여름 야생화로 서민적인 친숙함과 정겨움이 있으며 '자연으로 가는 길 구례'의 대표 야생화이기도 하답니다. 서시천 일원에 200만 송이가 피는 7월 초순 원추리 꽃길 걷기도 하고 있지요.

꽃말이 '기다리는 마음'이네요. 기다린다는 것, 기다려준다는 것, 다 같은 그 순수한 마음과 설렘을 어떻게 표현하리오.

달콤한 꿀맛과 입맞춤
꿀풀

봄의 환희와 흥분이 아직도 있는데
벌써 풍류와 열정의 여름이 왔네요.
보랏빛 꽃을 하나둘 돌고 돌아서
한 겹 두 겹 차분히 두르고 둘러
꿀벌과 나비를 영접하러 나왔다오.
그러나 사람 손에 꽃잎이 갈갈이
뜯기어 입맞춤하고 있다오.

하소연 알겠구려. '꿀풀'의 하소연으로 보랏빛 꽃송이가 꿀을 가득 담고 피었는데 개구쟁이들에게 단맛만 빼앗기며 있다고 하는 추억의 야생화랍니다. 꿀풀과의 이 친구는 밀원식물로 인기인데요, 꽃잎이 6개로 둘러있고 이것이 6~7개의 층을 이루어 한 송이가 되며 그 끝에 단맛이 있어 꿀풀이라 했다 하니 꿀방망이 요술방망이올시다. 꿀풀에서 생산된 꿀은 진하고 깊이 있는 단맛에 풋풋한 향기가 일품이면서 항암, 갑상선 등에도 효능이 있다고 하네요.

생약명은 하고초夏枯草인데 그대로 여름이 되면 잎줄기가 말라서 흔적도 없어지는 휴면기에 들어가는데 갑상선, 임파선에 선약이고 항암약초의 하나로 암세포 성장을 억제한다고 하니 대단하지요.

봄에 일찍 나물로 무쳐서 드시면 약을 드시는 것이고 개화 후에는 전체를 음건하여 약초로 이용하지요. 하고현상이 있으니 부지런 하셔야 채취시기를 놓치지 않는다는 것 명심하시고요. 경남 함양의 하고초마을에서는 이 친구를 집단으로 재배하여 축제를 열고 꿀, 비누 등 상품화 하였답니다.

꽃말이 '추억', '너를 위한 사랑'이군요. 어릴 적 추억이 많은 야생 화이니 그립고 그 추억으로 갈 수 있기에 추억은 가슴속에 살아있 고 영원한 아름다움으로 간직되나 봅니다. 희미한 갈색 추억도 있 고, 짜릿하고 로맨틱한 추억에 아쉬운 추억 등 헤아릴 수 없는 나만 의 추억을 자알 간수하시게요.

잠 못 드는 그대에게
쥐오줌풀

어찌 이런 이름을 지었을까? '쥐오줌풀'이라고… 연분홍색의 꽃송이가 뭉쳐서 피어 예쁘고 향기노 괜찮은네 왜 그랬을까요? 그래요, 뿌리에서 쥐오줌 같은 고약한 냄새가 난답니다. 그러나 말리면 냄새가 괜찮아지거든요. 뿌리를 길초근吉草根이라고 하는데 진정효과, 긴장 완화, 불면증에 아주 좋다고 하네요.

천연 수면유도제인 발레리안 루트Valerian Root를 들어보셨나요? 서양쥐오줌풀 뿌리로 분말화하여 만들었다는데 하루 2~3g 정도 드시면 숙면을 할 수가 있다고 합니다. 일반 수면제는 중독성이 있어서 부담되지만 이 약은 중독성이 없는 생약으로 잠 못 드는 많은 사람들의 사랑을 받고 있답니다. 멋진 반전이죠. 그 냄새가 고약한 뿌리가 숙면 유도를 하다니…

또 하나 뿌리에서 정유를 추출하여 담뱃잎에 살짝 뿌리면 담배 맛이 한층 좋아지고 향도 그윽하여 건강과 신경과민 해소에 도움이 된다고 하니 아이러니하구려. 그렇다고 담배 많이 피우지 마셔요. 흡연은 질병이라고 홍보하고, 담배 값은 올리고, 흡연 장소도 줄어들어서 피우기 힘드시니 딱 끊으시죠.

꽃을 좋아하시려면 담배를 끊어야 합니다. 담배 비루스가 꽃에 감염될 수 있기에 담배 피우고, 꽃을 만지려면 비누로 2번 이상 씻은 후 만지셔요. 꽃을 사랑하시려면 담배부터 먼저 끊으셔야 합니다. 바이러스를 비루스라고 잘못 쓴 거라고 할 수 있는데, 사실은요 비루스는 독일어 발음의 바이러스를 영어발음이라고 배웠습니다. 처음 비루스라고 독일에서 명명해서 그런 것으로 알고 있습니다.

꽃말이 재미있어요. '허풍쟁이', '정열'이라네요. 담배 맛을 좋게 하여 많이 피우게 하고 몸을 망가지게 해서 그런가. 냄새와 약효가 달라서인가? 꽃향과 뿌리향이 달라도 너무 달라서 그런가? 아무튼 신묘한 친구라 허풍쟁이라는 꽃말은 억울하다는 생각이 들고 가혹하다는 생각이 듭니다. 그러나 정열이하는 것은 이해가 되는데요, 냄새와 약효로 정열적인 삶을 살게 해주고 그 정열로 역사가 이루어지니까요. 그리고 최고 쥐오줌풀 정유는 우리나라 대관령에서 채취한 것이 최고의 품질이라고 합니다.

기린초

어느 날 해설사분께서 열심히 설명하시네요.

"여러분, 이 노란 꽃 보셔요. 아프리카 초원에서 긴 목을 가진 기린이라고 아시지요. 그와 같은 기린초랍니다."

"아하, 그렇군요."

"??"

그런데 맞는 설명일까요? 많은 분이 그렇다고 하시데요. 아니랍니다. 아니거든요. 상상의 동물인 기린麒麟을 닮아 '기린초'라고 하지요. 꽃이 피기 전에 뿔처럼 보이는데 이게 기린의 뿔과 닮았대요. 기린은 수컷이 기麒, 암컷이 린麟이라 부르는데 전설에 나오는 사령

四靈 중의 하나로 기린, 봉황, 용, 거북을 사령이라 한답니다.

돌나물과로 바위틈이나 거친 곳에 서식하고, 물을 주지 않아도 야무지게 자랍니다. 잎에 수분을 저장하기 때문이죠. 황금빛의 찬란한 꽃무리 보석처럼 눈부시게 피어나 편안함과 평화로움을 주지요. 인삼과 비슷한 강장효과와 알로에 비슷하다는데 출혈, 정신 안정 등에 좋다고 하네요.

황금빛의 강렬한 꽃송이! 강건하고 굳건한 잎줄기! 뭉쳐서 자라는 모습이 매력적인데요, 건조에 강하기 때문에 화분에 심으면 물을 자주 주지 않기에 관리하기가 수월하고요. 키가 작아서 한눈에 들어와서 분화용으로 좋습니다. 또한 옥상녹화, 벽면녹화용으로 적합해서 어디든지 권장하고 싶답니다. 그러나 햇빛을 좋아하는 양지성이기에 반그늘이나 그늘에 두게 되면 초장이 커지고 힘이 없어져서 관상가치가 떨어진답니다. 햇빛이 잘 보이는 곳에 두셔요.

꽃말은 '소녀의 사랑'이래요. 소박하고 때묻지 않은 사랑, 아무 조건 없는 다정한 사랑, 보고 있으면 편함을 주는 사랑, 이러한 진솔한 소녀의 사랑을 살짝 엿볼 수 있고 가늠하게 됩니다. 그 순결한 자태와 평화로운 자태에서…

추억 속의 아련한 사랑

섬초롱꽃

어두움이 내리는 길목에
하늘거린 꽃송이 내려와
옹기종기 꽃향기 뿜어내
가슴속에 아련히 남았네.

밤길을 밝히던 초롱을 닮았다고 하여 초롱꽃이라는데 이 친군 '섬
초롱꽃'이랍니다. 종鐘 모양으로 종꽃이라고도 하는 연한 홍자색의
통꽃으로서 꽃은 은은한 향이 있고, 4~5개 꽃이 밑으로 쳐져서 피
어 하늘거리고 잎이 하트(♡) 모양인데요, 섬초롱잎에 밥과 쌈장, 꽃
을 놓고 한입, 입안에 감싸는 은은한 향香, 아삭아삭 씹히는 감미로

운 식감, 곰취보다 부드럽고 상추보다 풍미가 있답니다.

살짝 데쳐서 들기름에 조물조물 무쳐 나물로 먹으면 향기와 아삭아삭 씹히는 맛이 일품이지요. 아이들을 위해서 김치, 파프리카 등을 밥과 함께 볶아서 꽃 속에 넣어 방울방울 만들어 주면 아이들이 신기해하면서 아주 잘 먹는답니다.

화단, 정원, 화분용으로 적합한데 겨울에도 푸른 잎이 있어서 삭막하지 않고요. 꽃이 종을 아니 범종을 닮았고요. 꽃받침을 보면서 종 끝에 있는 용뉴를 닮았다는 생각을 했네요. 또 용뉴를 포뢰蒲牢라고도 하는데 용처럼 생긴 상상의 동물이랍니다. 포뢰는 용왕의 셋째 아들로 울보라서 종이 잘 울도록 포뢰라고 이름을 붙였다고 하네요.

그리고요, 이 친구는 우리나라 특산종으로 울릉도가 원산지인데 학명을 보시면 기겁할 것입니다. Campanula takesimana Nakai.

우리의 독도 이름을 다케시마라고 부르는데 여기에 그 이름이 있네요. 그리고 여기에 진실이 숨겨져 있는데요. 원래 일본에서는 울릉도를 다케시마라고 했다가 뒤에 독도를 그렇게 불렀다는데 울릉도에 섬초롱이 서식하고 독도에는 없으니 저들이 억지 쓰는 것을 스스로 증명하는 것이라고 봅니다. 화가 나서 어찌할 바를 모르겠네요.

가만히 보셔요. 바람결에 흔들리는 꽃송이가 뎅 울리며 날짐승, 축생, 물고기 그리고 사람에게까지 자비를 베풀고 마음의 위안을 줄 것 같네요. '충실', '감사'의 꽃말이 많아요. 모든 일에 충실하니 감사할 일들이 많고요. 잎, 꽃 모든 것을 우리에게 주고 눈, 코, 입까지 오감을 만족시켜 주니 감사할 따름입니다.

비릿비릿한 신비의 약
약모밀

깨끗한 이미지의 하얀 꽃! 메밀 잎을 닮은 심장 모양의 잎! 만지면 비릿비릿한 냄새로 인상을 쓰게 되는데요, 왜 이렇게 역겨운 냄새가 나는 것일까요? 덕분에 벌레나 병들이 없어서 가꾸기가 좋고 약효도 뛰어나다고 하지요. 몸에 좋은 약은 입에 쓰듯이 약효가 많아서 그런가 봅니다.

삼백초과의 '약모밀'인데 잎이 메밀을 닮았고 약이 된다고 약모밀이 되었다 하는데요, 모밀? 모밀은 메밀의 사투리랍니다. 메밀이 표준말이니 약메밀이라고 해야 맞지만 일단 이렇게 불리니 바꾸기가 쉽지를 않아요.

또 다른 이름은 어성초인데 고기 어漁에 비릴 성腥자를 쓰는 신비한 약초로 10가지 병을 고친다고 10약이라 한다네요. 체내의 독소 제거, 염증, 아토피 등 피부질환에 효과적이라고 하며 요즘 탈모에 좋다고 더욱 인기를 끌고 있다지요.

　그래도 하얀 꽃이 멋진데… 이게요, 꽃이 아니고 산딸나무처럼 이 것도 포엽랍니다. 포란 꽃 턱잎으로 꽃대의 밑이나 꽃자루 밑을 받 치고 있는 잎을 말한답니다. 포엽이라고 하시면 얼른 이해가 빠를 겁니다. 즉, 줄기 끝에 노란색 꽃이 피고 아래 네 개의 하얀 포엽이 하나의 꽃처럼 보인답니다.

　냄새 때문에 해충이나 병은 없는데 냄새로 인하여 화분은 곤란하 고 흡지로 잘 뻗어서 화단이나 정원용으로 적합하지 않지요. 약효 가 좋으니 약용으로 재배하는 것이 바람직합니다. 꽃말은 '기다림'

이랍니다. 생선냄새를 이겨내고 먹으면 약효가 좋으니 기다려 보란 것인가. 꽃으로서는 큰 매력이 없는데 무엇으로 기다려 보는 것인지…

그래요. 일확천금으로 부자가 될 수 없고, 첫술에 배부를 수가 없는 이 모든 것은 기다리고 기다려서 때가 되어야 성취되는 것을 일깨워주는데요, 기다리는 그 순간 설렘과 기쁨이 더 크게 다가오는 것이라 생각됩니다.

감미로운 일품 향

창포

예리하고 꿋꿋한 잎줄기

수염처럼 의젓한 뿌리에

감미롭고 풋풋한 향기로

지나가던 잠자리 붙잡네.

잠자리가 떠날 줄 모르고

푸른 향기 주위를 감싸네.

　　단오에는 창포물로 머리 감는 것은 모두 아시는 상식이신데 창포
菖蒲를 꽃창포, 노랑꽃창포와 그리고 석창포와 혼동하시데요. 창포
는 천남성과로 예리한 창 모양의 잎과 꽃도 이삭처럼 땅 바로 위에
서 피고, 수염뿌리지요. 잎줄기에서 풋풋하고 감미로운 향이 일품이

고 초장이 60~70cm 정도로 큰 편입니다.

꽃창포는 붓꽃과로 잎은 비슷하나 꽃이 보라색이고, 꽃대가 길게 나와서 피고 잎줄기에 향이 없으며 노랑꽃창포는 꽃이 노란색이랍니다. 석창포는 천남성과로 초장이 30cm 내외로 작고 바위 등에 붙어서 펴지며 큰 특징은 겨울에도 싱싱한 상록성이랍니다. 자! 이제 아시겠지요.

단오에는 창포물로 머리 감고, 얼굴을 씻고, 뿌리로 비녀를 만들어 꽂았고요. 단옷날 창포물로 머리를 감으면 일 년 내내 병이 없고 피부가 비단결처럼 고와진다고 하였으며 남자들은 뿌리를 허리에 차고 다니면 액은 물리친다고 하네요. 잎줄기를 가마솥에 넣고 3시간 정도 끓이면 갈색물이 되는데 이 용액을 물과 1:5~6 비율로 희석하여 사용하면 된답니다. 즉, 향기요법을 쓰셨네요.

연못가나 습지에 적합하답니다. 배수가 나쁜 곳에 식재 시 향기도 좋고, 잠자리 등 곤충들의 서식지가 되고 물도 정화한답니다. 키가 너무 커서 분화용으로 추천하고 싶지 않지만 대형 화분에는 가능하고요.

한약 재료로 창포 뿌리를 이용하는데 위염, 소화불량, 설사, 정신 불안 등 효능이 있답니다. 줄기는 천연샴푸, 뿌리는 약용으로 버릴 것이 없는 친구랍니다. '경의', '신비한 사람'이라는 꽃말이 있는데요, 꼿꼿한 자태에 경의와 존경, 감미로운 향기가 있기에 향기를 지닌 사람을 신비하게 여겼나 봅니다.

용머리

당신의 살랑살랑 모습과

당신의 소리없는 아우성

당신의 하늘향한 목마름

당신의 청보랏빛 입술은

당신을 갈망하고 있구려

청보랏빛 꽃잎이 쫙 입 벌리고 있는 용龍의 모습이라고 하여 '용머리꽃'이라고 한답니다. 그리고 한옥 기와집 너새 끝에 얹는 용모양의 기와도 용머리라 부르고, 영어로 드래곤헤드dragonhead 청란靑蘭이라고 한답니다.

꿀풀과의 다년초로서 여름철에 청보랏빛 꽃이 많지 않은 귀한 야생화인데요. 꽃이 용의 머리 모습과 물고기가 유영하는 듯한 다양한 모습을 보여주어 암석정원, 화단, 화분용 모두 적합하답니다. 척박한 토양에서도 잘 자라고, 건조에 강하므로 관리하기가 편하며 햇빛을 좋아하므로 양지쪽에 물 빠짐이 좋은 곳에 심어야 청보랏빛 꽃이 제대로 발현된답니다.

잎은 로즈마리와 비슷하나 조금 큰 편으로 가늘고, 꽃에 향기는 있으나 좋은 향은 아니네요. 청보랏빛 통꽃이 벌깨덩굴꽃하고 비슷하다는 생각이 드는데 꽃잎 아래쪽에 벌깨덩굴은 하얀 털이 있지만 용머리는 없답니다. 씨앗이 잘 맺혀 8~9월에 채종하여 마르지 않도록 잘 보관하여 다음 해 파종하면 거의 발아하고 꽃이 진 후에는 삽목도 된답니다.

'승천'이라는 꽃말인데 용머리이기에 하늘 높이 올라가길 바라는 염원을 담았나 봅니다. 용은 도마뱀을 닮은 거대한 상상의 동물인데요, 머리는 낙타, 뿔은 사슴, 토끼 눈, 소 귀, 몸통은 뱀, 잉어의 비늘, 발톱은 매, 주먹은 호랑이, 코는 돼지로서 국가의 수호신이자 풍년과 풍어를 기원하기 위하여 숭배되었지요.

용은 물이 있어야 승천할 수 있고 물이 많은 여름에 피는 것이 이런 이치와 맞다 봅니다. 동양의 농경사회에서는 숭배의 대상이지만 서양에서는 악마로 공포의 대상인 점이 다르네요. 농사를 짓는 농부의 마음으로 살아가면 모든 것이 순리대로 성취되고 모두가 승천하리라 생각됩니다. 농부의 입가에 웃음이 머물게 하도록 지혜와 사랑을 모아 보시게요.

갈기갈기 고운 향
술패랭이꽃

그대~ 한잔 술에 취해서 붉은가!

그대~ 해님과 노닐다 닮았는가!

그대~ 일이 술술 풀리게 하는가!

그대~ 고운 향기가 술술 나오는가!

그대~ 꽃잎은 어찌하여 갈기갈기 찢었는가!

이 친구를 보니 이런 생각이 듭니다. 이름이 '술패랭이꽃'이거든
요. 석죽과로 연홍색의 색채에 부드러운 꽃잎이 갈기갈기 찢어진 모
습이죠. 옥수수나 사람 머리카락을 숱이라 하는데 부르기 쉽게 '술'

이라 했다 하네요. 줄기가 대나무처럼 마디가 있어서 석죽과로 분류하는데 바닷가에 서식하는 갯패랭이, 높은 산에 사는 구름패랭이 등이 있고 옛날 장돌뱅이들이 썼던 모자와 모양이 닮아서 패랭이꽃이라 했으며 낙양화洛陽花라고도 하고요.

생약명은 구맥瞿麥이라고 하는데 놀랄 구瞿에 보리 맥麥으로 열매가 보리 같아서 붙여진 이름이라고 하네요. 직장암, 식도암, 여성병, 강심장 등에 효능이 있다고 하네요. 정원이나 공한지, 공원길 등에 적합합니다. 햇빛을 좋아하고 건조에도 강한데 무엇보다 봄에 일찍 파종하면 7~8월경에 꽃을 볼 수가 있는 장점이 있습니다.

이 친구의 은은하고 감미로운 향기에 정신이 맑아지고 기분도 좋아서 꽃 주위를 맴돌곤 하는데 바람 타고 실려 오는 향기는 일품입니다. 나직한 초장에 갈기갈기 꽃잎 사이에서 풍기는 향기는 사랑의 포승줄처럼 휘감고 멀리 있는 친구까지 불러오는 향이더이다.

꽃말이 '순결한 사랑'이더이다. 은은하고 달콤한 향을 맡으면 맡을수록 좋은데 그 향기는 순결함을 가지고 있었나 봅니다. 눈부시게 아름다운 순결한 사랑은 향기와 함께 고운 색채로 증명하여 주네요.

정습명 선조님의 패랭이꽃 시에서 언급하듯이 "좋은 향기가 있어도 귀부인이 오지 않는 곳에 피어 있으므로 그 향과 교태를 평범한 농부인 내가 차지하도다."라고 했는데요. 우리가 지금 이러한 영광을 안고서 행복한 시간을 가지고 있는구려. 그 누구보다도…

소록소록 잠든 별
까치수염

안녕~

안녕하셔요.

안녕하십니까?

반갑게 고개 숙여 인사하는 이 친구

예절의 여왕이로소이다.

"너는 누구니?"

"넌 또 누구고?"

"자네는 누구신가?"

"당신은 누구시오?"

"저는요. 예절의 여왕님에 작은 별이랍니다."

"그래요. 작은 별님 환영합니다.

덕분에 상큼하고 달콤한 향기가 은은하게 다가오는구려."

　　하얀 꽃들이 다닥다닥 뭉쳐 한 송이 아니, 이삭처럼 보이는데 '까
치수염'이랍니다. 이 친구의 이름에 대하여 학설이 까치수염, 까치
수영 두 가지인데요, 1937년 조선식물향악집에는 까치수염으로 명
기되어 있으나 1980년 대한식물도감에는 까치수영으로 명기되었는
데 이때 수염이 수영으로 잘못 기재되었다는 하는 설과 수영은 벼,
수수 등의 이삭을 말하고 까치는 가짜를 의미하므로 가짜수영이라
는 것, 까치는 이렇게 수염이 없으니 수영이 맞다는 설, 모두 다 의
미가 있으나 국가표준식물목록에 '까치수염'이라 기록되어 있으니

이것으로 해야죠.

이 친구 산에서 만나면 반가운데요, 작은 꽃이 뭉쳐서 밑에서 피면서 올라가고, 완만히 휘어지는 모습과 상큼하며 달콤하고 은은한 향 그리고 시원스런 하얀색으로 피고 있으니까요. 무엇보다 꿀이 많아서 밀원식물로 각광받고 있으며 화단, 정원 그리고 화분용으로 적합하답니다. 물론 햇빛을 좋아하니 양지쪽에 심어야 하고요. '잠든 별', '동심', '친근한 정' 꽃말이 세 개나 되는데 전 잠든 별이라는 꽃말이 제일 좋네요. 작은 꽃들이 잠들듯이 모여서 별들이 잠든 것처럼… 소록소록 잠든 별! 잘 자요.

풋풋한 바람 맛
갯기름나물

송이송이 하얀 꽃송이

눈꽃처럼 피어있는 하얀 꽃송이

하얀 우산처럼 펼쳐진 우아한 자태!

눈부신 하얀 빛에 햇살이 살포시 다가옵니다.

하얀 눈꽃송이처럼 보이기도 하네요. 가지 끝에 20~30개씩 작은 꽃송이가 다시 10~20개 큰 꽃송이를 만드는 하얀 꽃송이는 '갯기름나물'입니다. 방풍防風으로 알려져 있으며, 중풍을 막아준다고 하여 각광받고 있는데 이 친구는 목방풍이 맞네요. 갯은 바닷가를 잎 등에 기름기가 흘러서 기름나물 바닷가에 있는 기름나물이라는 뜻이지요.

방풍은 맛이 달고 따뜻하여 36가지 풍증을 다스린다고 동의보감에 나와 있으며 농촌진흥청에서 연구결과 항암물질인 후가닌 씨hyuganic c가 다량 함유되었다고 발표하여 요즘 뜨고 있는 친구이지요.

　봄에 새순을 나물을 먹는답니다. 쌉싸름하면서 달고 향긋한 맛, 약간 억세면서 씹히는 풋풋한 맛, 봄의 미각을 일깨우지요. 더불어 중풍뿐만 아니라 근육통 완화, 정신 안정, 염증치료 등 몸에도 좋으니 일석이조이고요. 화단이나 정원에는 좋지만, 분화는 곤란하고, 나물로서 최고라고 권장하고 싶답니다. 여수시 금어도에서 자연 상태에서 재배를 하여 봄에 일찍 수확을 하는데 비렁길을 걷고, 방풍나물 무침에 다양한 요리를 맛보는 즐거움을 가져 보시는 것도 생활의 활력이 됩니다.

꽃말이 '고백'입니다. 고백, 이 친구를 만나서 중풍을 막아준다는 효능을 알고 어머님 생각이 납니다. 어머님은 풍으로 쓰러지셨고 수발을 하다 보니 힘들었지요. 짜증을 내는 저에게 "나도 너 같은 청춘이 있었다. 내가 이렇게 될 줄 몰랐다." 하시며 흐느끼는 어머님 모습이 눈에 선합니다.

불효자식, 나쁜 자식이지요. 불과 몇 년의 수발을 힘들다고 어머님은 해산의 고통과 진자리 마른자리 가려주며 키워주셨는데 후회가 됩니다. 이 나물을 많이 드셨으면 병을 예방했을 것인데 하는 아쉬움도 있네요.

모싯대

당신의 소리가 들리네요.

당신의 청아한 목소리가

당신의 보라색 드레스에

당신의 미소가 투영되고

당신의 자태가 빛나네요.

보라색 통치마를 입고 잔잔한 미소와 꽃망울의 천연덕스러운 모습 그리고 보랏빛 범종에서 청아한 소리가 들려오는 청초한 꽃, 바로 '모시대' 또는 '모싯대'랍니다. 초롱꽃과에 속하고, 뿌리는 도라지 같으며 잎 모양이 모시풀과 비슷하고, 뿌리는 잔대처럼 생겨서 모시잔대라고 하다가 모시대로 되었다고 하네요. 뿌리를 제니薺苨라고 하는데 더덕처럼 쌉쌀한 맛이 있으며 열을 내리고, 가래를 삭이며 해독하는 효능이 있다고 하네요. 특히 백 가지 독을 풀어주는 해독제로 불린다네요.

어린 잎은 달달하면서 부드러운 맛으로 칼슘, 인, 철, 헤모글로빈을 함유하여 나물로 무치면 풋풋한 향기가 일품이라고 합니다. 줄기나 잎을 자르면 유액이 나오는데 이것은 염증을 삭이고 새살을 돋게 하는 성분이 있어서 여성분들에게 최고 좋은 나물로 권하고 있는 것이죠. 화분, 화단용으로 적합하나 햇볕은 중간 정도로서 반음지에서 관리하는 것이 청초한 꽃을 볼 수가 있답니다.

'영원한 사랑'이라는 꽃말이 멋지고 낭만적이지요. 모두의 염원으로 누구나 꿈꾸고 소망하는 꽃말인데요, 신비로운 색채의 고운 옷

입으시고 청아한 목소리를 은은히 들려주며 아침이슬에 피어나는
이 친구의 매력에 심취하여 조용히 동행해보셔요. 더불어 신비의 여
인을 만나서 영원한 사랑을 하시게요. 당신의 고운 미소와 당신의
멋진 자태와 당신의 마음까지도 가질 수 있는 그런 사랑 말입니다.

불로장생의 열쇠
삼백초

어느 것이 꽃이고

어느 것이 잎인가

어느 것이 좋아서

그대를 찾는단 말이오.

"그렇군요. 진시황이 그토록 찾았던 불로초가 친구였던가요."

"모두가 염원하던 불로장생을 친구는 알고 있느냐 말이오."

"불로장생은 없소이다. 그것은 사람의 욕망이 만들어낸 허상이고
그저 밥 잘 먹고, 잘 자고, 잘 싸고. 3고만 잘하면 어느 정도 이루어
지지요."

잎, 뿌리가 흰색이라 '삼백초三白草'라고 하는데 삼백초과에 속하며 가운데 가늘게 늘어진 것이 꽃이고, 꽃이 필 때 잎이 흰색으로 변한답니다. 수정이 되면 잎은 녹색이 되는데 꽃이 너무나 빈약하기에 종족을 보전하려는 치열한 전략으로서 일종의 호객행위도 되는데요, 치열하게 살기 위해서 노력하니 격려해주고, 희귀 및 멸종위기 식물 2급으로 산에 가시면 함부로 굴취하지 마시고 재배하세요. 불법 채취 시 벌금을 내야 한답니다.

플로보노이드 성분이 노화 방지를 하고 콜레스테롤을 낮추는 효능이 있어 고혈압, 동맥 강화에 아주 좋다고 하네요. 특히 숙변과 변비에 탁월하여 차로 마시면 숙변과 변비가 쾌변으로 되어 유쾌, 상쾌, 통쾌가 된답니다.

　또한 고기의 탄닌 성분을 분해하고 독성 성분을 몸 밖으로 배출한다니 과연 하늘이 내린 약초로소이다. 뿌리를 구입해서 조그만 땅에도 심어 놓으면 뿌리생육이 왕성해 충분한 양을 채취할 수 있는데 다음에 제거하기가 힘들 정도랍니다. 약용으로 정원에 심어 놓으면 예쁜 풍채와 약도 얻고 일석이조랍니다.

　꽃말이 '행복의 열쇠'라고 하네요. 효능이 여러 가지인지라 가까이 하면 많은 질병도 치료되고 무엇보다 변비에서 해방된다 하니 변비로 고생하신 분께는 무척이나 반갑겠구려. 그리고 노화방지, 고혈압 등 현대인에게 안성맞춤이라 행복을 여는 열쇠가 맞겠네요.

해님과 달님의 사랑
일월비비추

비 비 비

ＢＢ 酋!

ＢＢ 錘!

장마철이라 비 비 하는 걸까?

꽃송이가 우두머리(酋) 모양인가?

흔들리는 꽃을 저울질(錘)하는가?

꽃 보시고 아시지요? 흔들리며 피어난 '일월비비추'랍니다. 이 친구 이름에 대해 학자들 의견이 아주 많아요. 첫째, 잎의 모양이 비비듯이 하여서 잎을 손으로 비벼서 씻어내 비비취가 비비추로 되었다는 설. 둘째, 바람에 흔들리며 피는 저울 추錘라는 설. 셋째, 꽃대가 끝에 뭉쳐서 피니 우두머리 추酋라는 설.

　첫째, 둘째는 참비비추, 주걱비비추 등 이름과 부합되고, 셋째는 일월비비추에 맞는 말 같은데요, 그런가 봅니다. 왕을 상징하는 일월日月이 붙어서 우두머리의 위엄과 권위의 상징처럼 보이기도 합니다.

　이 친구는 지리산에 아주 많고, 맛있는 '지보나물'로 대접받지요. 봄에 새순을 데쳐서 비벼서 거품을 없애고 무쳐 먹거나, 된장국이 시원한 맛! 구수한 맛! 그리고 정겨운 어머니의 맛이 어우러져 봄의 정취와 우주의 기운을 느끼게 합니다.

　참비비추, 주걱비비추, 좀비비추 등 비비추 종류가 40여 종 되고, 연보라색 작은 꽃이 멋지지요. 다른 친구들은 가녀린 꽃대에 피어

올라 가는데 이 친구는 꽃대 끝에서 뭉쳐 피지요. 분화, 화단용 다 적합한데 여름에 잎이 손상되므로 반그늘에서 관리해야 하거나 낙엽수 아래 심어서 예쁜 꽃을 감상하시게요.

"어이 친구 덥겠네 그려. 머리가 무겁지 않은가?"
"내 멋이오! 그래도 왕을 상징하는 의관인데 이 정도는…"

그래서인가, '신비한 사랑', '하늘이 내린 인연'이라는 꽃말이 맞나 보네요. 신비한 사람끼리 신비한 사랑을 나누니 하늘이 내린 인연인가! 그것도 우두머리의 위엄까지 있으니까요.

자기야, 사랑해
자귀꽃

부드러운 비단 같은 꽃잎
부채 모양 분홍색의 사태
밤낮으로 요술 부린 잎새
미미하게 풍기는 향기
우아하고 공작 같은 풍채

자귀야 사랑인 줄 이제 알겠니
자귀야 행복인 줄 이젠 알겠니

〈자기야〉 가요를 '자귀야'로 바꾸어 불러 보면서 이야기를 시작합
니다.

이 친구가 만개하여 산야가 환희에 넘실거리고 있는데 '자귀나무 꽃'이랍니다. 나뭇가지로 목수연장인 자귀자루를 만들었다고 하는데 구례는 '짜구대'라고 한답니다. 밤이 되면 잎이 짝을 이루어 합해지니 부부금슬을 상징하는 합환목合歡木, 합혼수合婚樹라고 하여 집안 등에 심었답니다. 이러한 특성 때문인지 영어로 미모사트리Mimosa Tree, 비단 같다고 실크트리Silk Tree라 한다 하니 동서양이 비슷하게 보네요.

콩과라서 씨앗이 콩꼬투리처럼 가을에 주렁주렁 달리는데 그 안에 5~6개 정도의 씨앗이 있고, 씨앗을 노천 매장 또는 건조 보관 후 봄에 파종하면 거의 발아하네요. 성장이 빠르고 성목이 되면 3~5m 정도이니 정원에 식재 시 참고하시고, 가로수나 야산 또는 관광농원에 집단 식재에 적합합니다.

은은한 향기에 귀한 나비친구 가던 길을 멈추고 꽃잎을 애무하며 떠날 줄을 모르고 있구려. 그래. 향기에 취한 나비친구를 긴꼬리와 우아한 날개무늬에 주황색의 점을 가진 '긴꼬리제비나비'랍니다. 제비처럼 날렵하고 우아한 날개를 가져서 비단 꽃술에 어울립니다.

꽃말이 '환희歡喜'로서 꽃을 보는 자체만으로도 환희에 들뜨고 그 향기와 환희에 취하게 됩니다. 또한 잠자듯이 평온한 잎새들이 고요한 환희에 젖게 하는 요술을 자귀야 사랑해줘…

은나비와 금나비 군무
인동초

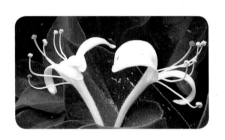

너울너울 은나비와 살랑살랑 금나비의 군무!

달콤하고 진한 향기 스렁스렁 아우라진 향연!

꽃바다에 사랑나비 춤추면서 날아오고

향기물결 잔잔하게 여울지며 오는도다

일진한풍 겨울에도 굳은 절개 지켰기에

우아하고 고운 자태 어우러져 있는도다.

　　민주화 투쟁 김대중 대통령의 상징으로 인동과의 상록 덩굴성인 인동초忍冬草입니다. 겨드랑이 사이에서 두 개의 꽃이 피는데 처음에는 은꽃으로 피었다가 점차 노란색으로 변해서 금은화金銀花라고 하는데요, 왜? 그런 것일까요. 처음에 은색으로 피고 2~3일 후 벌,

나비에 의해서 수정이 되면 금색으로 변한다고 봅니다. 은색 꽃은 처녀 꽃이고 금색 꽃은 유부녀 꽃으로 규정하고 싶네요. 괭이눈이 나 쥐다래처럼…

　달콤하고 진한 향이 있어서 꽃차로 만들어 드시면 기분전환과 해독과 이뇨 등 효능으로 무병장수한다고 하네요. 또한 잎에서는 염화나트륨 배출과 독성을 풀어주는 작용도 한다 하니 다방면으로 좋은 친구입니다. 꽃으로 막걸리나 발효액을 담가도 좋은데 목포에 가셔서 인동초 막걸리에 홍어 한잔하는 낭만도 가져보셔요. 꽃도 한 달 정도 가니 울타리에 올리거나 지주로 유인하면 사철 좋은 모습을 감상할 수 있어요. 요즘은 서양인동인 붉은 인동이 자주 보이는데 꽃색이 주황색이고, 향기가 없어서 실망입니다. 우리 것이 좋은 것이여.

꽃말이 '사랑의 인연', '헌신적인 사랑'입니다. 모든 것을 다루는 헌신적인 효능과 사계절 견디는 꿋꿋한 기상 그래서 사랑의 인연이 있나 봅니다. 그리고 헌신적인 사랑은 어디에서 오나요? 그것은 어머니의 사랑이겠지요. 아무것도 바라지 않고, 아무것도 원하지 않고, 아무것도 보상도 없는 그런 사랑 말입니다. 어머니는 연중무휴에 월급도 없고, 명절에는 더 바쁘고, 삼시 세끼 식사 만들기에 가히 슈퍼맨이지요.

교만하지 않게 하소서

능소화

주황빛 꽃송이 수줍은 듯

송송이 송알송알

서로 서로 손잡고 의지하여

하늘 향해 피어오르네.

석양빛에 지쳐서 떨어지는 꽃

지는 꽃 슬퍼 마라.

아침이슬 머금고

황금 양탄자로 되었나니

이 집 저 집 담장에 '능소화'가 활짝 피어서 반겨줍니다. 중국 원산인 능소화와 '미국능소화'가 피었는데 강대국의 두 나라 꽃들이 서로 서로 예쁘고 멋지다고 자랑한 것 같네요. 먼저, 중국원산 능소화는 궁녀인 소화아가씨의 애절한 전설이 있는 구중궁궐의 꽃이라 하고요. 양반집에 심었기에 양반꽃, 백성들이 심으면 경을 쳤다네요. 꽃에도 계급과 신분이 있다니 슬픈 일이지요. 장원급제 시 어사화를 씌워주는데 이 꽃을 본떠서 종이로 만들었다죠.

　이름 유래가 업신여길 능凌에 하늘 소霄, 꽃 화花로 하늘을 업신여기고 올라가며 피는 꽃으로 요염하고 교만한 자태랄까요? 여기에 의문이 있네요. 어찌 꽃들이 하늘을 업신여기며 피었다는 것인가요. 어찌 하늘의 뜻을 거역할 수 있던가요. 아마도 하늘에 업신여기지 않도록 조심스레 피어나는 꽃이란 뜻이 아닐는지… 양반꽃이라 사대부들이 교만과 자만에 빠지지 않도록 경계하려는 꽃이 아니었을까요?

'미국능소화'는 미국에서 들어와 길거리에 많이 심었지요. 능소화 보다 꽃이 적고 붉은색으로 붉은능소화라 하기도 한답니다. 꽃이 나팔처럼 길게 모여 피어서 '트럼펫발바리'라 하고요. 통꽃이나 꽃 잎이 뒤로 젖혀 있고, 능소화에 비해서 관상가치가 떨어지는 편이 지요. 모두 담장용으로 최고입니다. 정원에 전봇대를 세워서 하늘 로 향해 올라가게 하는 연출방법도 멋진 풍광이지요. 미국능소화보 다 중국능소화가 고운 자태에 풍미가 있다고 봅니다.

'명예', '자랑'이라는 꽃말이 비슷하면서 다른 것 같네요. 꽃가루가 눈에 들어가면 실명한다, 아니다 하는 학설들이 많은데 제 생각은 화려한 꽃의 냄새나 화분은 만지거나 맡지 않는 것이 최선입니다. 그저 눈으로만 보셔요. 그게 최고입니다.

낮잠 자는 요정
수련

물 위에서 피는 꽃!
물 위에 떠 있는 꽃송이의 함성!
새록새록 잠자는 요정의 자태!

아침 이슬과 새소리 영접에 찬란하게 빛나는 꽃무리를 보며 자기 성찰을 하게 되네요. 화려하나 사치스럽지 않고 진흙 속에서 살지만 청순한 자태를 가진 '수련'입니다. 수련과로 수생식물인데 수련이라고 하니까 "아, 네. 물에서 사는 연꽃이구나." 하시더라고요.

"그게요, 물 수水가 아니라 잠잘 수睡를 쓰거든요."

수련은 아침 햇살을 받으며 7시경 피어나고 오후 2시경에는 꽃잎이 오므라듭니다. 이게 마치 잠자는 모습 같다고 잠자는 연꽃이라고 했거든요. 이 과정을 3일 정도 하고 물속으로 꽃이 지게 됩니다. 영어로는 물백합Water lily, 물의 요정Water Nymphaea이라 하는데 우리 표현이 더 멋진 것 같아요. 그래서 저는 '낮잠 자는 요정'이라는 새로운 이름을 지어주었답니다.

수련 종류가 많아 분홍, 흰색, 보라색 등과 열대 수련도 많이 들어와 11~12시경에 피고 저녁에 오므라드는 것도 있던데 제가 본 것은 아침에 피어 오후부터 잠을 자는 종입니다. 잎은 하트 모양으로 깜찍하면서 반짝반짝 빛이나 언제나 깨끗하여 꽃과 함께 투영되지요. 지친 개구리의 휴식처나 베란다 지나던 새들의 휴식처가 되기도 하는 등 지나가는 생명체들의 열린 공간이올시다.

연꽃은 물 위 1m 이상에서 피고, 잎과 초장도 크고, 바로 물 위에 잎과 꽃이 있으며, 잎이 하트 모양으로 되어 있는 것이 연꽃과 수련의 다른 점이지요. 이 친구는 작은 정원에도 어울리고 화분에 심어 아파트에 적합하데요. 날마다 물을 주지 않아도 되고, 실내 습도 조절도 하고, 공기도 정화시켜 주는 등 장점이 많답니다.

분홍 수련 꽃말은 '청순한 마음', 흰 수련은 "당신의 순결을 사랑합니다."라고 하네요. 두 손을 모아 기도하는 모습의 잎 사이에서 영롱한 이슬을 머금고 피어나는 청순한 꽃송이에 상념이 사라지고 사랑과 기쁨이 피어납니다.

고단한 삶의 추억
물레나물

물레야 물레야

뱅뱅뱅 돌아라

전라도 물레타령이고요.

지났느냐 한밤이 돌아라 물레야

물레야 돌아가는 등불마저 홀로 타는 님이시여

김지애 님의 〈물레야〉 노래가 가슴에 메아리칩니다.

물레! 목화솜에서 실을 뽑아내는 기구로서 옛날 여인들의 고된 일
의 하나였지요. 여인들의 잔혹사로 아픔이 너무나 많은데 이 한恨

서린 물레를 닮은 야생화 '물레나물'은 다섯 장의 노란 꽃잎이 팔랑 개비 모양으로 인상적이랍니다.

팔랑팔랑 빙글빙글 돌아가는 친구여!
모든 고통과 한(恨)이랑 날려다오.
그 자리에 사랑과 행복을 가득 담아다오.

 어린 순은 새봄에 향긋한 나물이고, 꽃에서는 은은하고 상큼한 향기가 부드럽게 다가와 매력적이네요. 붉은빛으로 땅에서 피는 연꽃이라고 홍한련紅旱蓮이라고 하는데 생약명이기도 하며 지혈작용과 해독, 타박상, 피부염증에 효과가 있다고 합니다. 꽃말은 '추억'이랍니다. 물레나물에 대한 추억이 많지만은 물레에 대한 어머님과 할머님의 추억이 생각납니다.

윙윙 오른손은 물레를 돌리시고 왼손에 드신 흰솜꼬치에서 술술 실이 이어져 나옵니다. 물레소리에 장단을 맞추어 어머님의 고단한 손은 허공에서 위무하듯 위아래로 춤추고 무심한 저는 단잠에 빠졌지요. 새벽 잠결에 윙윙 물레소리가 들려왔지요. 어머님께서는 꼬박 밤을 새셨는지 아니면 쪽잠을 주무셨는지 너무나 고단하고 힘든 삶을 살아오신 어머님, 할머님이 생각납니다.

제 어머님만 그랬을까요? 그 시대 대한민국 어머님은 모두 그랬을 겁니다. 자식을 위해서 헌신하신 어머님을 이 물레나물 꽃이 간절히 생각나게 하네요.

진정한 꽃은 다른 꽃들이 예쁘다고 모방하거나 미워하거나 시기하지도 질투하지도 않으며 자기 꽃에 대한 특성을 뽐내면서 주위의 꽃들과 눈부신 조화를 이루어 세상을 아름답게 한다고 하였지요. 남을 시기하고 질투하는 것은 사람들의 욕심이요. 끝을 알 수 없는 욕망과 야망으로 나보다 잘난 사람, 나보다 성공한 사람을 축하해 주지 못하는 옹졸한 마음에서 연유되었겠지요. 바로 탐욕이 아닐까요. 시기와 질투가 탐욕을 낳아 나 자신을 고통과 번뇌에 쌓이게 하므로 여기서 벗어나 훨훨 날아가시게요.

그대의 마음은 무언가
기생초

청산(靑山)은 나의 뜻이요,

녹수(綠水)는 님의 정(情)이라

녹수가 흘러간들

청산의 뜻이야 변할 것인가

녹수도 청산을 잊지 못해

울면서 흘러가는구나

　　최고의 미모와 재능을 겸비한 기생 황진이의 〈청산은 내 뜻이오〉
라는 시가 생각납니다. 노란색 꽃잎에 진한 밤색의 무늬가 하늘거리
며 해님을 갈구하고 살랑살랑 치맛자락 날리며 수런수런 이야기하

는 꽃, 강변에 만개한 '기생초'입니다. 기생의 화려한 치장 같다 해서 붙여진 이름인데요, 원래 이름은 '춘자국'이고 뱀눈을 닮았다 해서 '사목국'이라네요.

그대 어찌하여 기생초 되었는가?
그대 어찌하여 춘자국 되었는가?
그대 어찌하여 사목국 되었는가?

저는 모르는 일이요. 그저 사람들 입에서 입으로 전해진 말, 전설이랍니다. 미국에서 건너온 이 친구를 그저 편하게 부른 탓이겠지요. 여름축제 주변에 심거나 가로변, 공항지에 집단으로 심어서 관리하면 관광 소재로 아주 좋은데 요즘 종자를 봉지에 넣어 판매하고 있더이다. 귀화식물이지만 강변을 따라서 이제는 야생화로 정착되어 버렸답니다.

'다정다감한 그대의 마음'이라는 멋진 꽃말을 가지고 있네요. 이 꽃말과 기생초라는 이름 때문에 황진이의 시로 시작하였지요. 노란색의 화사한 치마를 살랑살랑 날리며 나의 시를 지은 모습을 살며시 그려봅니다. 섬진강 물결을 보며 군락으로 피어난 꽃무리에 감미로운 훈풍이 불어오고, 그 바람결에 살랑살랑 춤추는 꽃을 보며 다정다감한 그대의 마음을 새기어 보네요.

호랑이 사랑부채
범부채

호랑이 되고파서

무늬기 닮았는기

신선이 그리워서

부채로 되었던가

 찬란한 해님을 바라보며 꽃잎을 펼치고 여섯 친구 손잡고 하늘거리네요. 싱그러운 잎새는 시원한 바람을 부쳐주고 서로들 즐거워하는 '범부채'이네요. 붓꽃과로 꽃잎에 새겨진 앙증스런 꽃잎이 호랑이무늬 같고, 부채꼴 모양의 잎 때문에 이름이 되었는데 원래는 호의선虎矢扇이라 하였는데 동의보감에서 범부채로 바뀌었다고 하네요. 그러면 '호랑부채'란 것인데, 자세히 보면 호랑이는 줄무늬이고 표범처럼 생겼다는 생각이 듭니다.

"자! 무더위를 시원하게 보낼 수 있는 신상인 호랑이 부채를 무료로 나누어 드리겠소이다."

"무료로? 진짜이신가?"

"그렇소이다. 그 대신 세 가지가 충족되어야 하는데 호탕한 기개와 열정, 의리와 효도, 선한 마음의 사랑이 있어야 된다오."

이 친구는 가로화단, 공원, 강변 고수부지 등에 적합하여 집단으로 식재 시 여름풍경을 한층 아름답게 하지요. 더욱이 꽃이 지면서 또르르 감기어 꽈배기 모양이 되기에 아이들이 신기해 까르르 웃고, 만지며 좋아하거든요.

푸른 봉오리의 꼬투리도 멋지고, 꼬투리가 터지면서 까마중 같은 검은 종자도 예쁜데 한 가지 단점은 이때에 잘 쓰러져서 예쁜 자태를 제대로 볼 수 없는 안타까움이 있네요. 종자를 가을에 받아 즉시 파종하거나 봄에 일찍 파종하면 발아는 아주 잘된답니다. 생약명은 사간射干이라 하는데 뿌리를 말하고 해열, 진통, 소염, 임파선 등에 효능이 있다고 하네요.

'정성 어린 사랑'이라는 꽃말인데요, 호랑이의 위엄 있고 당당한 기개, 시원한 부채 모양의 자태보다도 더 의미 있는 정성 어린 사랑을 갈구하는데요, 꽃이 지는 추한 모습을 보이지 않도록 떨어지지 않으며 꽃이 진다고 바라지 않는 의리와 효의 표상이네요. 더욱이 오른쪽으로만 감기는 한마음을 가지고 있으니 의리와 효의 사랑꽃이네요.

가련한 자태의 사랑

노루오줌

"아름다운 당신! 어찌 그리도 예쁜가요?"

"고맙습니다만 이름을 아시면 놀랄 것이외다."

"이름이 나쁜 거요 천박한 거요?"

"'노루오줌'이라는… 내 모습과 어울리지 않지요."

"어찌 그런 이름을 가지셨소. 당신의 자태와 어울리지 않네그려."

  소박하고 가련한 자태의 탐스러운 홍자색의 꽃송이를 가진 '노루오줌'인데요, 범의귀과에 속하며 뿌리에서 노루오줌의 지린내가 난다고 하여 붙여진 이름이라고 합니다. 야생화에 노루귀, 노루발 등 노루 이름이 많고 사슴이 없는데 사슴보다는 노루가 많았고 친숙함 때문이라고 봅니다. 속명 아스틸베Astilbe는 희랍어로 a는 없다, stilbe는 윤기로 즉, 윤기 없는 투박한 식물이라고 하지만 원예종으로 개량되어 적색, 흰색, 분홍색 등이 다양하고 풍성한 자태를 뽐내기에 인기종이랍니다.

이 친구는 물을 좋아하고 햇빛에 약하기에 반그늘에서 관리해야만 합니다. 분화용으로 적합하고, 낙엽수 아래나 반그늘의 암석정원, 건물 주위에 식재하면 풍성한 자태를 오랫동안 볼 수가 있답니다.

'기약 없는 사랑'이란 꽃말이 있고 '정열', '연정'도 있네요. 기약 없는 사랑이라 가슴 아픈 말인데요, 꽃송이가 탐스럽고 사랑스러우나 윤기가 없고 투박하여 사랑을 받을 수 없는 것일까요. 늘상 그늘진 곳에서 자라기에 정열과 연정을 그리워했는지도 모르겠습니다. 기약이 없는 사랑이 가슴 아픈 것은 희망이 없는 것인데 이것은 가혹한 처사인 게지요.

더불어 기약 없는 삶이 얼마나 고통스러운가요. 봄이 없다면 겨울은 너무나 모질고 고통스런 날의 연속이지만 봄을 기약할 수 있기에 인내하고 또 인내하는 것이지요. 또한 이 무더위 속에서도 인내하는 것은 시원하고 풍성한 가을을 기약할 수 있는 것이 아니겠는지요.

스님의 영원한 사랑

도라지꽃

도라지 도라지 백도라지

심심산천에 백도라지

한 두 뿌리만 캐어도

대광주리가 철철 넘누나

도라지 타령인데요, 모두에게 친숙하고, 정겹고 잘 아는 '도라지 꽃'으로 장맛비 사이에 보랏빛과 흰색 꽃이 별 모양으로 멋지게 어울려 피네요. 꽃봉오리는 오각 풍선처럼 부풀어 옹기종기 재잘거리다 펑펑 팡팡 터지며 피어납니다. 뿌리를 나물로 먹고 약으로 사용하죠. 생약명 길경桔梗으로 사포닌 성분이 있어 면역력 강화, 혈전 분해, 세포 재생, 편도선염, 특히 가래삭임에 좋다지요.

도라지나물, 어릴 때 '돌가지너물'이라며 명절 때 제사, 잔치에 꼭

나왔지요. 고추장에 버무린 아삭하고 싱그럽게 씹히는 향기로운 생
도라지의 맛, 삶아서 무친 부드럽고 달콤한 맛이 생각납니다.

꽃말이 '영원한 사랑'으로 애틋하고 애절한 이야기가 있답니다.

옛날 도라지 아가씨가 스님을 사모해 그를 보는 것이 즐거움이었
대요. 그러나 하안거夏安居에 들어간 스님을 볼 수 없게 되자 보고
싶은 마음에 절에 불을 지르고 말았지요. 불을 지르면 스님이 나오
니 볼 수 있을 거라고… 그러나 스님은 며칠 전 다른 절로 떠났는데
그것을 몰랐던 낭자는 죄책감에 불 속으로 들어가 죽게 되었데요.
　사연을 들은 주지스님이 고이 묻어 주었고, 스님이 돌아와 사연을
듣고 아가씨를 화장하여 바랑에 넣고 전국을 다니며 뿌려주었지요.
전국을 유랑하는 스님이 "내가 가는 곳마다 아가씨가 내 곁에 있고,

언제나 볼 수 있어야 합니다." 하면서요. 다음 해 봄, 재에서 청초한 새싹이 돋고 깨끗한 흰색 꽃과 고귀한 보라색 꽃이 하안거가 끝날 때쯤 피어났고, 도라지 아가씨와 스님의 영원한 사랑이 성취되었다고 합니다.

이 이야기는 몇 년 전, 야생화사랑 모임에 참석한 분께서 해주셨는데 그분 소식도 모르고 이야기만 남았네요.

가난한 민초의 성불
부처꽃

성불(成佛)하소서
성불(成佛)하십시오

　더 이상 이를 데 없는 깨달음을 열어 부처님이 되시라는 야생화.
백중날 부처님께 연꽃 대신으로 바쳤다고 하여 '부처꽃'이라네요.

　산야에 홍자색의 부처꽃이 만발하여 흰나비를 영접하네요. 꿀 공
양에 정신없는 나비는 다가가도 모른 척하고 은은한 미소를 머금은
가녀린 꽃송이에 가던 길 멈추고서 향연에 동참하였네요. 부처꽃과
의 다년생인 이 친구는 물을 좋아하지만 건조한 곳에서도 자라고 물
속에서도 잘 자라지요. 봄에 원줄기를 잘라 주면 잔가지가 많이 나

와서 꽃이 풍성해지고요.

가로화단, 정원에 군식하면 홍자색 군무가 장관이고요. 하얀 나비가 많이 와서 색조의 대비가 되어 한층 아름답지요. 습지나 연못 주위, 강변 고수부지 등에 심으면 꽃색이 더욱 선명하고, 생육도 왕성하지요. 화분에 심으면 키가 커서 관리가 힘들므로 적심을 자주 하여 키를 낮추어 주면 됩니다.

9~10월에 종자가 결실되는데 아주 미세하고, 종자량도 풍성하여 대량증식이 가능합니다. 선별하여 종이봉투에 저장 후 3월경에 파종하면 7월부터 꽃을 볼 수 있지요. 단기간에 꽃을 볼 수 없는 장점과 은은한 향기는 덤이고요. 광주교육대학교에서 출강 시 학생들에게 초등학교 선생님이 되거든 "이 야생화를 봄에 파종하여 방학 전

에 꽃을 볼 수 있게 하라."면서 권장했던 친숙하고 성장이 빠른 친구입니다.

생약명으로 천굴채千屈菜라고 하여 설사를 멈추는 효능이 있답니다. 또한 혈액과 혈관조직도 좋게 하고요. 피부궤양 치료에 사용한답니다. 꽃말이 '슬픈 사랑'인데요, 백중날 부자들은 연꽃을 부처님께 공양하였으나, 가난한 사람들은 연꽃과 비슷한 이 친구를 공양했기에 슬픈 사랑이 아니겠는지요. 가난한 민초들의 애환과 슬픔, 가난하지만 순수한 백성들의 마음, 가난하나 비굴하지 않고 당당하게 살았던 민초들을 생각나게 합니다. 진정한 부자는 자기 생활에 만족할 줄 아는 사람이라고 할진대, 민초들이 부자라고 생각됩니다.

고결한 초탈군자
연꽃

시원하면서 뜨거운 꽃.

차분하면서 열정의 꽃.

고결하면서 숨겨진 꽃.

강인하면서 성스런 꽃.

청초하면서 깨끗한 꽃.

　장맛비 오락가락 푸른 우산 속에서 분홍빛 흰색의 꽃을 피우는 연
蓮! 아름다워서 감추고 싶고 감추어서 아름답고 성스러운 꽃이지요.
전국 어디 가도 연꽃세상으로 모두들 아시는 연꽃의 이야기입니다.
연꽃 하면 불교를 상징하는 꽃으로 알고 계시지요? 연꽃은 백연과
홍연이 있는데 대체로 백연은 유학자들이 군자의 꽃으로 시를 지으
며 사랑했고, 홍연은 부처님을 상징하고 있지요.

"연꽃은 진흙에서 나왔지만 더러움에 물들지 않고, 맑은 물에 씻기어도 요염하지가 않다. 줄기는 곧으나 속은 비어 있고, 가지를 치지 않으며 향기는 멀어질수록 맑아진다."

송나라 때 주돈이의 애련설로 연꽃을 아주 잘 표현하였지요. 혼탁한 세상에 살지만 청빈하게 살고 곧은 줄기는 꿋꿋한 절개, 속이 빈 것은 욕심이 없음을, 가지를 치지 않는 건 자기 파벌을 만들지 않으며, 먼 향기는 인품을 표현하는 것이랍니다.

불교에서는 초탈, 정화, 극락세계를 상징하는 성스러운 꽃으로서 진흙 속에 있는 뿌리는 전생, 더러운 물속에 있는 줄기는 현세, 물 위에서 피는 꽃은 천상으로 3세를 상징하는 꽃이지요. 더러운 진흙에서 굳건히 자라서 아름다운 꽃을 피울 수 있는 것은 그 뿌리가 9

개의 생명혈이 있기에 가능하지요.

　제1혈은 '인내'하고, 제2혈은 '희생'하면서, 제3혈은 '희망'을 가지고, 제4혈은 '겸손'하면, 제5혈은 '진실'을 알아주고요. 제6혈은 '신의'를 지키고, 제7혈은 '친절'하게 제8혈은 '봉사'하면 제9혈은 '사랑'의 꽃이 피지요.

　연뿌리, 잎, 꽃 모두 먹는데요, 백연차의 향기와 연잎 밥이 그윽하고 감미로워요. 문헌에 불로장생의 묘약으로 극찬하고 있으니 어디에 좋다고 표현하기 참 어렵네요. 꽃말도 많아요. '순결', '군자'는 백연을 상징하고 '청결', '신성'은 홍연을 상징하는 초탈과 군자의 꽃이올시다.

진짜 아름다운 그대
참나리

정말이니?

참말이여?

진짜인겨?

'참나리'를 소개하기 위해서 이러한 단어들을 모아보았는데요, 먹을 수 있고 맛있는 꽃들을 '참'자를 붙이거든요. 진달래를 참꽃, 참나물, 참나무 등.

황적색 꽃에 흑자색이

점점이 화려한 호피를 가지셨소.

무더위에 꽃잎을 젖히시고

호랑나비와 뽀뽀뽀 하시네.
우아하게 고개 숙인 당신은
겸손한 야생화로소이다.

백여 개의 비늘이 형성된 알뿌리라 백합百合이라 했고 생약명이
고요. 영어로 타이거 릴리Tiger lily로 호랑이무늬에서 연유되었지요.
한자로 권단卷丹은 붉은색의 말린 꽃이라는 거지요. 꽃이 밤에는 닫
히고 낮에는 피기에 야합화夜合花라고도 하고요. 알뿌리는 마늘 모
양처럼 생겼는데 효능이 대단하지요. 신경쇠약, 불면증, 호흡기계

질환 등 너무너무 많아서 특히 히스테리와 원기회복에 좋대요. 가을에 채취하여 건조시켜 그대로 차로 마시거나 가루 내어 만든 죽도 좋고요.

잎 사이에 흑진주 같은 것이 보이시죠? 저게 주아珠芽라고 하는데 떨어지고 파종하면 새싹이 나온답니다. 봄 일찍 인편을 하나하나씩 따서 모래에 꽂아도 새로운 개체가 되고요. 꽃말이 '순결', '변하지 않은 아름다움'이라고 하는데 순결은 흰 백합을 지칭해 붙여진 것 같아요. 호피 모양의 화려한 색과 꽃잎을 젖히고 당당하게 피는 모습 등의 아름다움이 변하지 않는다는 것이 참말로 참나리라는 것을 증명하여 주는 진짜로 아름다운 그대올시다.

금불초

저 찬란한 황금빛 색채!

저 온화한 미소의 모습!

저 샛노란 물결의 꽃들!

송이송이 무리 지어 피어나는 국화과의 '금불초'인데요. 부처님의 온화하고 환한 모습 같은 금불초金佛草이신가. 뜨거운 태양 아래 금빛 꽃들이 불타는 듯이 피어나는 금불초이신가. 어느 것이 맞을 것 같으신가요?

조선시대에는 여름에 핀다 하여 하국夏菊이라 했다는데 불자 입장에서는 전자가 맞고 정열적인 사람은 후자가 맞을 것 같습니다만, 전자가 맞다는 의견들이 많은 것 같습니다. 정열적인 꽃이지만 차암 까칠한 친구이네요.

국화과라서 꽃꽂이하려고 절화하면 20~30분 안에 시들고, 물올림을 제대로 못하여 꽃 수명이 짧답니다. 번식도 어렵데요. 종자발아는 3년 동안 시험했으나 실패했고, 흡지가 잘 나와서 흡지로 번식하는 수밖에 없었네요. 또한 한 번 심었던 땅에는 기지현상인지 절대 활착이 되지 않아 재배하기 어려운 친구이네요. 그냥 자연 상태의 꽃을 보시고 흡지를 가져와서 화단에 심는 방법밖에 없었답니다.

'상큼함'이라는 꽃말처럼 이 친구를 만나면 기분이 좋아져 상큼해지고, 황금빛 미소로 물결치는 꽃송이를 보노라면 모든 번뇌에서 벗어나 편안함과 평화로움을 안겨 주지요. 오늘 산야에 만발한 금불초를 만나러 떠나보시렵니까? 그 아름다움을 그 느낌을 카친이신 강혜경 님의 멋진 시로 아름다움을 대변코자 합니다.

노오란 물결 넘실대며

미소 짓는 금불초야.

어찌 온화한 모습으로

예쁜 미소 지으며

불타는 듯이 피어오르느냐

한아름 아름다운 사랑 머금고

상큼하게 미소 짓는 금불초야.

온 세상 황금물결 넘실대면

고운 자태로 춤을 추노나.

지리산 귀공자
지리터리풀

지리산智異山! 특이하게 슬기롭고 지혜로운 산이라는 뜻이랍니다. 누구든 지리산에 살면 슬기롭고 지혜로워진다고 하네요. 지리산에는 1,526종의 식물이 살고 있는데 지리산 이름이 들어간 것은 '지리터리풀' 등 23종이 있답니다.

이 친구는 지리산 특산종으로 진한 분홍빛 꽃이 일품으로 우아하고 신비로운 자태가 귀공자답지요. 터리풀은 흰색인데 붉은빛을 토하듯이 애처롭게 손 흔들며 피는 것일까? 무슨 한恨이 있으신가?

지리산은 슬픈 산이고 아픈 산입니다. 어머니의 산이 처절하게 찢기고 활기고 생채기 냈다지요. 이성계의 소지가 오르지 않아 불복산이 되었고, 일제강점기에는 선교사의 별장으로 이용되었으며 여

순반란 때 빨치산 소탕 시 수많은 젊은이가 산화했고, 해방 후 무법
시절에는 힘 있는 자들의 도벌과 난개발 그리고 먹기살기 위해서
먹거리를 얻고 땔감을 구했지요. 그래서 붉은색의 꽃송이를 가졌으
리라…

　터리풀은 장미과로 잎은 단풍잎을 닮았고, 먼지떨이처럼 생겼다
고 하여 터리풀이라고 했는데 지리산에서 발견되어 '지리터리풀'이
란 이름이 붙여졌다고 하네요. 노고단 등 해발 1,000m 이상에서
살고 있고, 신갈나무 등 낙엽수 아래에서 동자꽃, 말나리 등과 어울
려서 7월에 꽃이 피지요. 슬픈 일과 달리 화려하면서 우아한 날갯짓
으로 자태가 부드럽고 환한 미소로 구름과 반겨주는 '지리산의 귀공

자'랍니다. 정원수 아래에 심으면 환한 미소가 있고 단풍잎의 잎도 어우러져 멋진 정원이 됩니다. 화분에 심을 때는 물을 많이 주고 반 그늘에서 관리해야지요.

　'당신을 따르겠습니다'라는 꽃말처럼 지리산에서 사는 숙명처럼 모든 것을 포용하고 용서하며 서로 어울려서 살아가네요. 당신의 순한 마음과 고운 마음을 알았기에 당신의 의견을 따르는 것. 그것 은 순종의 의미일진대 순종의 마음을 사랑하는 한 사람에게만 향하 는 고결한 아름다움과 청초함을 가졌기에 지리산 귀공자라고 존중 합니다. 그냥 따르는 순종과 다른 점이 있다면 사랑이 있기 때문이 겠지요. 사랑하기에 당신을 믿고 따르는 의미가 아니겠는가요.

깊은 산속 은둔자
긴산꼬리풀

연보랏빛 향기 품고

하늘 향해 나란히 피어오르네.

연보랏빛 향기에 취하여

살랑살랑 애교 부리며

긴 꼬리 흔들면서

하늘을 향해 날아오르네.

– 강혜경(해어화)의 시

노고단 부근 나무 그늘과 습한 곳에 연한 푸른빛으로 무리지어 피는 '긴산꼬리풀'이랍니다. 산꼬리풀보다 꽃대가 길다고 '긴' 자가 하나 더 붙었지요. 현삼과에 속하고 등산로를 따라서 흐르는 물길 주변으로 옹기종기 모여서 반겨주데요. 꽃 색이 연하고 순해서 눈에 들어오지 않지만 긴꼬리꽃을 살포시 구부려서 멋을 내기도 하는 큰 산 깊은 숲 속에서 외로이 살아가는 은둔자이올시다.

화단에 가꾸려면 습하고 나무 그늘에 심어야 제대로 생육을 할 수가 있고, 키가 너무 크므로 20cm 정도 생장 시 적심으로 초장을 정리해야 감상하기 좋네요. 생약명은 일지향 枝香으로 독특한 향기가 있으며 기침을 멈추고 천식을 안정시키는 효능이 있어 만성기관지염 치료에 사용된답니다. 최근에 모 제약회사에서 만성폐쇄성 폐질환 치료제로 제품화 단계에 와 있다는 신문보도를 보았네요.

꽃말이 멋지고 당찬 '달성'이랍니다. 목표를 달성하기 위해서는 많은 노력과 고난을 극복해야 하지요. 이 친구는 반음지와 물을 좋아하는 자기 특성을 알고 노고단 등산로에 둥지를 틀어 물길 따라서 자손들을 번성시켜 왔지요. 적당한 나무 그늘이 되어있고 물이 있어 습기 유지도 좋고 다른 야생화와 경합도 적어서 자기 입맛에 딱이네요. 자기 세력을 키워서 무리 지었으니 목적이 달성되었네요.

살랑살랑 애교마술사
산오이풀

나직이 고개 숙인 꽃송이 겸손하시네요. 분홍빛 꽃송이를 살랑살랑 구름에 너울거린 자태 애교가 넘치시네요. 오이풀은 잎에서 상큼한 오이냄새가 난다고 하여 붙여진 이름인데 이 친군 '산오이풀'이랍니다. 장미과로 해발 1,000m 이상 높은 산에서 그것도 바위틈 억센 곳에 살지요. 지리산에는 노고단 정상에 많고 천왕봉 정상으로 가는 바위 사이사이에 많아요.

이 친구가 살아가는 방식과 비교해볼게요. 식물이 살아가려면 물, 햇빛, 양분이 필요하지요. 물과 햇빛에 이산화탄소로 광합성 작용을 하여 포도당을 만들고 뿌리에서는 질소, 인산, 가리 등 16원소를 섭취해 성장하고 꽃도 피고 열매도 맺는답니다. 문제는 생명의 원천인 '물'인데 비가 자주 오는 장마철엔 문제가 안 되지만 높은 산 바위틈에서 물이 너무 부족하지요.

저 친구 자세히 보셔요. 잎이 촘촘하고, 가장자리에 톱니가 있네요. 눈치채셨나요? 높은 산이기에 구름이 날마다 스치고 가는데 지나갈 때 잎에 조금씩 걸려서 물방울이 된 거죠. 밤에 기온이 내려가면서 이슬이 더 응축되어 물방울이 주렁주렁 맺히고요.

또한 뿌리는 굵고 길게 뻗어가서 물을 충분히 비축하고, 뿌리 끝에서 유기산이 나와 바위틈의 양분을 냠냠 한답니다. 가끔씩 내리는 빗물에서 질소 등 양분도 섭취하고 이렇게 억세게 살아가네요. 조상님께선 산을 개간, 한 계단 두 계단 쌓아서 다랑논을 만들어 벼를 재배하였지요. 논배미가 아주 적어서 '삿갓배미'라는 것도 있는데, 삿갓배미란 농부가 모내기를 마치고 삿갓을 쓰고 가려고 하니 그 밑에 논배미가 있었다는 이야기인데요. 논이 얼마나 적은지 아시겠지요? 쌀 한 톨을 얻기 위해서 모진 고생을 하셨는데 산오이풀 친구의 삶이랑 비슷한 것 같아서요.

이 친구는 생약명으로 지유地楡라고 해서 설사, 출혈, 화상 등에 쓰이는 민간약이지요. 특히 피를 멎게 하고 새살을 돋게 하는 약리 작용을 한다 하니 대단합니다. 그거에 상큼한 오이향까지… 꽃말도 예쁜데요. '애교'랍니다. 탐스럽고 복스러운 분홍꽃 꽃술에 화려한 여왕 같은 이미지이지만 화려함에 겸손과 애교도 있고요. 완만히 휘어지는 자태에 살랑살랑 애교가 넘치는 애교의 마술사올시다.

멋진 당신을 기다리며
흰여로

기다린 꽃대에 잔가지 갈라지고

조그만 하얀 꽃이 송송이 열렸네.

누구를 사모하다 목이 빠지었나.

누구를 기다리다 허리가 굽었나.

알 길 없는 속마음을 어이하리오.

높은 산 나무 그늘에서 긴 꽃송이에 흰색의 꽃을 가진 '흰여로'입니다. 여로 하면 생각나는 것 있으시나요? 72년도에 인기리에 방영되었던 〈여로〉 영화도 있었고, 이미자 선생님의 여로 '여자의 길'이라지요. 많은 사람들의 심금을 울렸던 그 노래를 잠시 불러볼까요?

그 옛날 오색댕기 바람에 나부낄 때

봄나비 나래 위에 꿈을 실어 보았는데

날으는 낙엽 따라 어디론가 가버렸네

무심한 강물 위에 잔주름 여울지고

아쉬움에 돌아보는 여자의 길

　여기에 여로는 이 뜻이 아니고 명아주 여藜, 갈대蘆 즉, 갈대같이 생긴 줄기에 검은색 줄기가 싸여 있다는 뜻이랍니다. 흰색 꽃을 피기에 '흰여로'라는 이름이 붙여진 것이지요. 우리나라 특산식물로 지리산과 가야산에 많이 서식하는 친구랍니다. 백합과에 속하는 독초인데 늑막염에 달여 마시면 구토가 나게 하여 고름을 토해내 치료가 된다고 해서 늑막풀이라고도 한답니다.

꽃말이 '주저'라고 하는데 무엇 때문에 주저하고 있는지요? 여자의 길을 가기가 두려워 주저하는가요? 아니네요. 간간이 찾아오는 벌나비와 시원하고 포근한 구름 친구, 감미로운 바람과 청아한 새소리와 헤어지기 싫은 것이지요. 소중한 친구와 이별이 너무나 힘들기에 주저하며 하루 더, 하루만 더 떠날 날을 미루고 그래서 더욱 주저하게 되는 것인가 봅니다. 아쉬움과 여린 마음에서 오는 주저하는 마음을 알아주시게요.

그리고 천진난만한 이야기 하나 덧붙여 볼까요. 『좋은생각』에서 보았는데요, 우르릉 번쩍번쩍! 천둥번개와 함께 세차게 내리는 장맛비! 더욱이 밤에 내리는 빗소리에 모두가 두렵고 공포의 대상이지요. 그러나 천진난만한 어린이의 눈에는 어떻게 보일까요? "엄마, 하느님이 사진 찍나 봐. 웃어!" 하더래요. 하느님이 사진 찍는다는 멋진 표현의 순수한 동심이 천진난만하고 귀여운 모습이지요. 어린이가 이른의 스승이라는 말씀이 맞나 봅니다.

동자승의 영원한 미소
동자꽃

잿빛 승복에 파르라니 깎은 머리가 슬퍼 보이는 것은
무슨 연유인가요?
해맑은 미소와 천진난만하게 뛰노는 동자승이 애처로운 것은
무슨 연유인가요?

동자승의 상기된 얼굴처럼 발그레하게 피어난 야생화! 구름을 벗
삼아 산새와 춤추며 바람결에 피어난 '동자꽃' 때문에 동자승이 애처
롭고 슬퍼 보이나 봅니다. 탁발 나간 노승이 폭설로 암자로 돌아가
지 못하고 기다리다 지친 동자승은 얼어서 죽고, 그 무덤에서 나온
꽃이 발그레하고 해맑은 미소로 마을 쪽을 바라보며 피어난답니다.
기다리게 해놓고, 기다림에 지쳐서… 얼마나 무섭고 고통스러웠을
지 짐작이 가실 겁니다.

　오세암 전설은 관세음보살이 동자승에게 겨우내 공양을 해주어 살아 있게 하는데, 여기에는 왜 오시지 않았는지 원망스럽네요. 그래서 꽃말도 '기다림'이랍니다. 언제나 기다리고 기다림의 연속이고 기다림에 세내로 부응했는지, 그 기다림을 지켜주었는지 다시 생각해 봅니다. 기다리게 하는 것, 그것은 약속입니다. 그 약속을 지키지 못한 것은 죄악이고 계약 위반입니다.

　한편으로 생각하면 오세암 동자승은 살았으나 지금은 전설만 남고 흔적도 없지만 여기 동자승은 꽃으로 환생하여 지금까지도 살아있네요. 모두의 가슴속에 피어있기에 영원한 미소의 동자승이 되어 영원불멸의 생명을 얻었네요. 그 슬픈 이야기는 그리움으로 해맑은 미소는 자비의 부처님으로 언제나 모두의 가슴속에 피어있답니다.

　석죽과로 삽목, 씨앗 번식이 잘되어요. 분화, 화단용도 되고 그런데 색채가 산속에서 자란 것만은 선명하지 못합니다. 생약명은 전하라剪夏羅로 비 맞고 감기 걸렸을 때, 피부염 등에 좋다고 하네요.

여름감기에 좋다고 전하라

꽃도 멋지게 예쁘다고 전하라

언제나 기다린다고 전하라

노고단의 새색시
둥근이질풀

둥글게 둥글게
빙글빙글 돌아가며
춤을 춥시다
손뼉을 치면서 랄라라!

　분홍빛 다섯 잎 꽃송이가 둥글둥글 모여서 놀고 있네요. 살포시 나비도 왔고 구름은 스쳐가 버리네요. 설사나 이질에 달여서 먹으면 효과가 있어 이질풀인데 꽃잎이 둥글어서 '둥근이질풀'이라 합니다. 쥐손풀과인데 쥐손이풀 등 비슷한 친구들이 10여 종이고, 노관초老瓘草, 고려노관초라고도 하는데 설사, 위궤양, 종기 등에 효능이 있다고 하네요.

　어릴 적 풋것이나 상한 음식을 먹어 배가 아파서 울고불고 난리치

면 아버님께선 뒤꼍 벽에 엮어 놓았던 이 풀을 어머님께 주셨고, 이 것을 끓여서 먹으면 거짓말처럼 싹 나아 버리더군요. 신통방통, 신 기하고 궁금하기도 했지요.

그때 부르던 이름이 '쥐손이풀'이라고 하시데요. 지금 노고단에서 보니까 쥐손이풀과 둥근이질풀이 같이 있더이다. 이 신비의 약초를 구하기 위해서 아버님은 노고단에 오셨던 것인데 등산화도 없이 고 무신을 신고, 먹은 것도 변변치 못한 그 시절에 가족을 위해서 여기 까지 오셨다니 감동이었습니다. 그리고 감사하고 존경합니다.

연분홍꽃 색채와 지면을 포근히 감싸안으면서 피는 꽃무리를 보 노라면 수줍은 새색시 같으며 청초하고 싱그럽구나 이러한 생각이 나는데요, 그래서인가 꽃말이 '새색시'이랍니다. 그리고 좋은 효능으로 민초들의 병을 낫게 해주니 모든 것이 귀감이네요.

해발 1,500m 정도의 고산에서 서식하고요. 포복성이라 꽃 양탄자 같은 자태를 보여줍니다. 화분에 심어서 관상하기 좋고, 양지성이라 햇빛에 강해서 베란다에서 가꾸기가 쉽네요. 꽃은 압화 소재로 많이 이용하고, 지면을 덮기에 지피식물로도 사랑받고 있네요.

범꼬리

"애개개, 저게 호랑이 꼬리라고?"

"에이, 너무했구만…"

"고양이 꼬리보다도 작네 그려."

"호랑이 명성이 있지 어느 정도 되어야 비교를 하지, 에구."

꽃이삭이 호랑이 꼬리를 닮았다고 해서 '범꼬리'라고 했더니 모두들 아우성이네요. 그도 그럴 것이 호랑이 꼬리라고 큰 것으로 여겨서 꽃이삭이 너무 작고 빈약해서 실망하셨구려, 그죠?

지리산을 포효하는 무섭고 용맹스런 호랑이가 연상되기보다 바람에 흔들리며 작은 꽃송이를 하늘거리는 모습이 더 정겹네요. 반야봉을 배경 삼고 하늘을 향하여 피어나 세차게 요동치는 바람결에 장단

맞추어 춤을 추니 흥겹고 귀여운 자태올시다.

　마디풀과로 지리산 노고단 초원에서 살아가는데 잎이 줄기를 감싸서 잎자루가 없는 특이한 모습이고 잎은 끝이 뾰족하네요. 뿌리는 검고 굵은데 옆으로 뻗어가네요. 줄기가 연약하니 뿌리가 억세게 자라나 봅니다.

　생약명으로 자삼紫蔘, 거삼 등으로 불리며 타닌산이 함유되어 소중, 파상풍 등에 효능이 있는데 특히, 산에 가서 뱀에 물렸을 때 사용한다네요. 대박이죠! 지리산을 잘 지키고 있기에 모셔와 시험재배를 하지 못했는데요, 비슷한 친구가 꽃범의꼬리가 있거든요.

　이 친구는 꽃도 크고 분홍색 색채가 뛰어나서 화단, 정원 특히 길거리용으로 적합하답니다. 그리고 분화, 꽃박스용으로 무난하여 범꼬리를 이용한다는 것을 실행하지 못하고 여름철이면 노고단에서 만나볼 수 있어서 기쁘답니다. 색채나 자태가 소박하여 범꼬리보다는 꽃방망이 같다는 생각이 드는 것은 저 혼자 생각만이 아니겠지요.

꽃말이 '키다리'올시다. 줄기가 멀대 같고 작은 꽃이 끝에 매달리듯 피었으며 초원에 꽃대가 쑥 올라와 피었으니 영락없는 키다리 아저씨이구려. 키다리 아저씨! 지리산 잘 지켜주셔요!

당신은 카멜레온
산수국

단아하고 기품 있는 풍채와

기이하고 변덕스런 모습에

우아한 보랏빛 꽃송이는 퇴색되었소.

벌레에 난타당한 초라한 잎들과

벌나비를 유인하던 현란한 위장술이

통하지 않는 것이 안타깝구나.

"그래, 당신의 색채는 무엇인가요?"

"당신의 꽃이 어느 것이 진짜인 거요?"

알쏭달쏭 비밀이 많은 '산수국'인데요, 산에 살고 있는 수국이라는 뜻으로 처음에는 흰색으로 피었다가 푸른색 또는 분홍색으로 변하거든요. 그것은 토양으로 중성에는 흰색, 산성에는 푸른색, 알칼리에는 분홍색 이렇게 칠색조랍니다. 그 이유는 알루미늄AL 때문으로 산성토양에는 알루미늄이 잘 흡수되어 안토시아닌 색소와 결합하여 푸른색이 되고, 알루미늄을 잘 흡수하지 못하는 알칼리 토양에서는 분홍색이 되는 것이거든요. 즉, 꽃색의 결정자는 알루미늄이올시다.

또 비밀은 꽃을 자세히 보셔요. 가운데 작은 꽃 주위로 큰 꽃이 더 멋지고 우아하지요.

"예쁜 꿀벌씨, 이리 와요. 꿀이 많아!"

"우아한 나비씨, 이리 왔다 가시게."

    지나가는 벌과 나비에게 호객행위를 하는 꽃받침이 꽃처럼 보인답니다. 수정이 끝나면 없어지는데 임무 끝이라 외치는 것 같아요. 말은 못해도 살아남기 위한 생존전략에 고개가 숙여집니다.

    '변하기 쉬운 마음'이라는 꽃말이에요. 토양에 따라 꽃색이 변하고, 꽃이 수정되고 난 후에 변하고 그때그때 달라요. 당신은 카멜레온이랍니다. 생존 전략의 위장술을 높이 평가하지만 사람 살아가는 데는 조금 곤란해지겠네요. 그러나 전투에서 달라지지요. 군대에 다녀오신 분은 위장술이 얼마나 중요한 것인지 아신답니다. 군대가 아니더라도 자손 번식을 위해서 그 무엇을 못하리…

고독한 황태자
말나리

노고단 숲 속에 은둔해
홀로 선 고독한 황태자
당신의 모습이 투영되네요.

모두들 잎과 꽃이 어우러져 정답게 피는데
당신은 고고히 홀로 꽃을 피우고
빙빙 둘러선 잎들을 어찌 그리 멀리 있나요.

도란도란 이야기가 들리는 듯
수런수런 정겨움과 사랑이 오는 듯
신비함이 사푼히 내려앉고 있네요.

제3부 풍류의 여름 야생화

숲 속의 고독한 황태자 '말나리'올시다. 말語이 좋아서인가, 말馬을 닮아서인가. 여기에 '말'은 크다는 의미이고 '나리'는 다른 사람보다 높다는 낫다가 나으리가 되고 나리가 되었다고 하니 '꽃이 크고 낫다'는 뜻이 되겠네요. 황적색 꽃이 1~10개씩 피고 꽃 안쪽에 자주색 반점이 있는데 주근깨 같지요. 어느 지인이 '말괄량이 삐삐일세' 하던 말이 생각납니다.

꽃말이 '변함없는 마음'이래요. 활짝 웃고 있는 모습이 정겹고 세상에 부끄럼 없이 당당하게 피어있는 고독한 황태자! 꽃은 나무 그늘 속에 숨어있듯이 고요함을 감추고 있고 바람의 움직임에 고요함을 다독거리고 있더이다. 그래서 변함이 없고요. 한결같은 마음, 마음이 변함이 없는 것, 한번 마음먹은 대로 실행해주는 변함없는 마음이 위대해 보이고 존경스럽습니다. 요즘 약속을 헌신짝처럼 버리

고 신뢰가 없는 사회상에 고요한 외침이요. 잔잔한 메아리로 다가
오네요.

그래요. 자연은 위대한 스승이고, 한 송이 꽃은 예술품이라고 하
더이다. 예술가는 저 꽃 속에서 영감을 얻고 에너지를 받아서 영원
불멸의 작품을 만들었지요. 찬란한 보석에는 생명이 없지만 저 꽃
에는 생명이 있듯이….

견우와 직녀의 정표
네가래

네가 미치도록 보고 싶다.

네가 없는 세상은 의미가 없어.

네가 아프니 나도 아프다.

네가 아니면 안 될 것 같다.

네가 좋아하니 나도 좋아.

사람과 사람이 만나는 설렘과 기쁨에 서로를 그리워하다 파생되는 오롯한 이야기들 그 진솔함을 담아 봅니다. 물 위에 고혹적인 모습으로 다가와 행복을 드리는 '네가래'로 밭 모양이라는 전자초田字草, 잎이 네 개로 갈라져 사엽초四葉草, 영어로 워터클로버Watar Clover라고 한답니다.

네가래과의 다년초로 늪, 논, 못 등지에서 무리 지어 사는데 네잎 클로버와 비슷해 토종 클로버인데요, 화분에 심어서 베란다에 놓으면 딱이랍니다. 습도 조절도 하고, 물을 날마다 주지 않아도 되고 날마다 좋은 일이 있겠다고 기쁘게 보면 기쁘고 좋은 일이 생기는 행복이 찾아온답니다.

네잎클로버 꽃말이 '행운'이지요. 그런데 세잎클로버 꽃말이 '행복'이란 것 아시나요? 지천에 깔린 세잎클로버에서 네 잎을 찾으려고 난리를 치고 있지요. 행운을 잡으려고 정작 행복을 짓밟고 뭉개고 버리고 진정한 행복은 널려 있는데 행운만 잡으려는 나쁜 심보 우리의 자화상이라고 봅니다. 이 친군 '행복과 행운'을 모아 모아서, 더욱이 생명의 근원인 소중한 물 위에 고혹적인 자태로 옹기종기 더불어서 살아가는 모습으로 희로애락을 일깨웁니다.

견우와 직녀가 만나는 칠월칠석七月七夕. 사랑의 오작교를 건너서 일 년에 딱 하루 만나는 날이지요. 그 애틋한 만남으로 눈물이 비가 되어 내린다지요. 그 눈물 위에 네가래가 사랑의 정표로 떠올랐나 보더이다. 애처롭고 구슬프게 풀벌레 합창이 만남의 설렘과 기쁨! 이별의 서운함과 고통! 더불어서 메아리치고 왔구려.

털여뀌

맑은 하늘에 뭉게구름 피어오르고

나직이 고개 숙인 꽃이삭 투영되어

뜨거운 해님과 마주 보며 웃는구려.

멀대처럼 홀연히 서 있는 줄기!

붉은 꽃이삭의 강렬한 이미지!

세월을 낚는 평화로운 모습들!

　'털여뀌'인데요, 꽃이삭의 늘어진 자태가 노인 같다 하여 '노인장대'라고도 합니다. 키가 2m까지 크는 마디풀과의 일년초이지만 씨앗이 떨어져 해마다 새싹이 올라와서 한여름 붉은빛의 예쁜 꽃을 피우네요.

가을에 씨앗을 받아 종이봉투에 보관하였다가 봄(3월 말~4월 초)에 화단에 파종하시면 7월부터 꽃을 보기 시작하여 여름 내내 꽃을 볼 수 있지요. 키가 커서 부담 된다고요? 본엽을 6~7매 때에 살짝 생장점을 따주면 키도 작아지고 가지 수도 많아지니 꽃이삭이 풍성하여 한층 관상가치가 높아지는 이점도 있네요.

생약명은 홍초紅草라고 하는데 염증을 없애주고, 고혈압 등과. 생 잎은 벌레 물린 데 효과가 있대요. 무병장수의 꿈! 모두들 병 없이 오래 사시기를 기원하고 소망합니다. 그러나 의학과 약학이 발달할 수록 환자와 질병이 더 많아지는 현실에 우리의 괴리가 있네요. 구례, 곡성, 순창, 담양의 장수 고장의 노인들의 장수 비결은 잡곡밥, 나물 반찬, 된장국, 제철 푸른 채소였다고 합니다. 내가 음식을 선택하지만 입 안에 들어간 음식이 나의 건강과 수명을 조정한다는 것 잊지 마세요.

이 친구의 꽃말을 아무리 찾아보고 자료를 뒤져 봐도 없데요. 여뀌꽃만 '학업을 마침'이라는 것이 있는데 이미지와 매치가 안 돼요. 없으니 만들어 볼까요? 꽃이삭이 늘어져 여름 내내 피고 지고 여유가 있으니 '여유' 꽃피는 기간도 길고 병이 거의 없으니 '무병장수'라고 하고 싶네요. 모두들 무서운 병에 걸리지 않고 사고 당하지 않고 오래오래 사시길 기원합니다.

독야청청의 선비
맥문동

새봄엔 연녹색의 잎이 싱그럽고

여름엔 진보랏빛 꽃이 우아하고

가을엔 검은빛의 열매 탐스럽고

겨울엔 싱싱하게 잎을 간직하고

사계절 아름답고 정겨운 친구여!

계절마다 화려하게 변신한 당신! '맥문동麥門冬'이시군요. 뿌리가 보리와 비슷하고 잎이 겨울에도 싱싱하게 있기에 이런 이름이 유래 됐고 겨우살이풀이라고도 하지요.

먼저 잎은 4월 중순에 새잎이 나와서 5월이 되면 연두색 잎이 양탄자 같죠. 7월 장마가 끝날 때쯤 보랏빛 꽃이 피고, 꽃이 진 후 푸른 구슬 같은 열매로 다시 흑진주 같은 열매로 변신하지요. 그래서 생태조경 시 낙엽수, 상록수 아래에 심는 최고의 지피식물로 인기가 높아 빌딩 사이나 건물의 반음지를 최고의 가치로 만들어 준답니다. 화분에 심어서 감상도 좋고요. 서울 한강변 가로수 아래에 심어진 맥문동은 그 진가를 보여주어 운전자들의 인기를 받고 있네요.

보리 같은 구슬열매에 사포닌 성분이 많아 진해거담 작용으로 가래를 삭이고 폐건강과 만성 기관지염에 효능이 있다고 하네요. 또한 자양강장과 이뇨작용, 만성위염 등을 치료한다 하니 대단한데요.

경남 밀양 등에서 뿌리의 괴근을 약용으로 재배하여 고소득을 올리고 있는데요, 종자 번식은 가을에 검은 열매를 수확하여 모래와

노천 매장 또는 그대로 냉장고에 보관 후 봄에 파종하면 거의 다 발아하게 됩니다. 1년 정도 묘판에서 관리 후 정식하게 되며 분주는 뿌리 괴근을 수확 후 줄기를 다시 심어서 관리하면 됩니다.

꽃말이 '겸손', '인내'라고 하네요. 사철 아름다워도 땅에서 나직이 피고 귀족적인 색채를 가졌으나 겸손하여 과연 멋진 신사인가 봅니다. 그리고 겨울에도 푸른 잎을 간직하는 씩씩한 기상을 가졌으니 인내라고 하지요. 겸손과 인내로 후덕하고, 아름다운 세상을 고결한 선비처럼 독야청청하여 만들어 나아가십니다.

빙글빙글 춤추며
송이풀

한 송이

두 송이

송이송이 꽃송이가 피어납니다.

솔방울 같은 꽃송이에서

홍자빛 꽃잎이 쏘옥

바람개비처럼 나오더이다.

빙글빙글 팔랑팔랑

돌아가는 바람개비에 시원한 바람 일어

지리산은 그렇게 시원하고 향가가 가득하나 봅니다.

홍자색의 바람개비 꽃. 화려하지 않지만 순수하고 특이한 현삼과의 '송이풀'인데요. 꽃봉오리 끝에 꽃이 핀 듯 안 핀 듯 송이를 이루기 때문에 유래된 이름으로 송이꽃이 아니고 송이풀이라고 했나 보네요. 우리나라에만 자라는 특산식물로 산에서 만나기도 쉽지 않아 귀하게 만나는 친구랍니다.

송이송이라는 이름이 곱고 예쁘며 피어나는 형태가 특이하여 산행 시 만나면 반갑게 맞이하여 주지요. 화분에 심어서 감상하기 좋으나 쓰러지기 쉬우므로 적심으로 조절하고 햇빛이 잘 봐도 상관이 없기에 관리가 편합니다.

생약명은 마뇨소馬尿燒. 에구, 왜 이런 이름을… 글자 그대로 하면 말오줌을 사른다는 뜻인데 무엇보다 명쾌한 답을 드리지 못하네요. 변비, 관절통증, 피부염, 이뇨 등에 효능이 있다고 합니다.

꽃말이 '욕심'으로 좀 의외이네요. 잎 사이에 하나씩 나온 꽃잎이 화려하지 않고 그저 특이한 모습이라 욕심이 없는 걸까? 욕심이 많은 것일까? 송이라는 순수하고 이름이 연유하듯 욕심이 없는 것이 아닐는지요.

"그래, 송이야. 세상을 건너는 싱싱한 바람을 불어다오."
"그래요. 송이 씨. 탐욕, 배신, 슬픔, 고통, 번뇌 모든 것을 저 찬란한 창공으로 날려 보내 주시구려. 욕심으로부터 자유로운 삶이 될 수 있도록…"

멋진 사진은 카친이신 광양 정유선 님이 보내주셨네요. 욕심이 없으신 고맙고 감사한 분이십니다.

이기적인 사위사랑
사위질빵

사르르 소리 없이 조심히
위로 위로 올라가면서
질근질근 감고 안으며
빵빵빵 꽃봉오리 터지네.

미나리아재비과의 낙엽성 식물 '사위질빵'인데요, 울타리나 나무를 의지하여 감고 해님을 반기며 꽃을 피우지요. 사위를 사랑하는 장모가 무거운 짐을 지지 않도록 이 친구 줄기로 질빵을 만들어서 이런 이름이 됐다고 하네요.

질빵을 말하면 가장 먼저 생각나는 것이 '지게'이네요. '지게'는 어릴 적 고통의 대명사올시다. 멜빵에서 짓누르는 고통과 후들거리는

발걸음은 사춘기 시절 힘든 일이었지요. 공부를 하지 않으면 아버님께서 "너, 지게대학에 보낼 거다." 하시면 후다닥 공부하곤 했던 공포의 대상이었습니다. 그러나 지게는 실용적이고 멋진 운반수단으로 산길, 골목길 등 좁은 길에서 50~70kg까지 짐을 운반할 수 있는 맞춤형이었지라.

이 지게가 거의 사라졌지만 한국전쟁 당시 고지에 군수품을 신속하게 운반해 주어 미군들이 'A자형 멋진 친구'라고 했다니 대단합니다.

미나리아재비과는 독성이 있는데 줄기에 탈항, 임부부종, 근골동통 등 효험이 있다고 하네요. 꽃에도 은은한 향기도 있고 미색을 띤 하얀 꽃도 고혹적이고요.

　꽃말이 '비웃음'이래요. 왜 이런 꽃말이 되었지? 그것은 이름 유래
에 있더라고요. 장모의 지나친 사랑, 옛날에는 지게나 짐에 질빵을
만들어 양 어깨에 걸쳐 지고서 운반했지요. 시게는 볏짚으로 민들고
짐짝들은 광목 같은 천으로 만드는데 이 친구 덩굴로 만들어서 주었
으니 툭툭 떨어져 비웃음을 줄 수밖에… 사위를 생각한 것은 이해가
되나 그럼 그 짐은 누군가 지어서 운반해야 할 것인데 이기적인 사
랑이랄까요? 아니, 배려라고 할까요? 과연 사위사랑 장모이시고 이
런 장모님을 둔 사위는 행복하겠구려. 이렇게 든든한 장모가 있으니
까…

황금별꽃 양탄자
돌나물꽃

슬금슬금 초록물결 되더니
살금살금 황금물결 되었네
새록새록 별꽃들이 피어나네요.

　　스르렁스르렁 가녀린 줄기마다에 황금별꽃을 양탄자처럼 펼치셨
소이다. 그려, 그렇구려. 친숙하고 정겨운 서민적인 꽃 '돌나물' 아
니 '돌나물꽃'이네요.

돌 - 돌고 돌아 돌아서
나 - 나직하게 피어난
물 - 물방울꽃이구려.

돌나물과로 '돈나물', '돋나물', '돗나물'이라고 부르기도 하는 새봄을 일깨우는 나물이지요. 서걱서걱 씹히는 상큼한 맛! 새봄의 정기를 오물오물 한입에 먹으면 끝내주는 맛이지요. 막걸리 안주로도 끝내주고 효능도 너무 좋네요.

하나는 칼슘이 212mg으로 우유보다 2배 높고, 둘은 여성호르몬인 에스트로겐을 대체하는 성분이 함유되어 갱년기 우울증을 방지하며, 셋은 비타민C가 26mg으로 풍부하고 새콤 상큼한 맛으로 식욕을 증진시키면서, 넷은 간과 신장의 기능에 좋고 체내 독소 제거와 염증을 제거하는 효과적이라네요. 대단한 친구네요.

알로에 효능에 버금간다는 말이 맞네요. 그리고요. 지면에 쫙 붙어서 옆으로 퍼져 흙을 감싸니 지피식물地被植物로 좋지요. 지피식물이 뭐냐고요? 지면을 낮게 덮는 식물로 잔디, 송엽국, 맥문동 등 아주 많아요. 건조 방지, 토양유실 방지, 그린효과 등인데 요즘은 옥상녹화 소재로서 각광을 받고 있네요.

　꽃말이 '근면'이래요. 알만 하네요. 새봄부터 열심히 돌담이건 맨땅이건 가리지 않고 스르렁스르렁 일하는 모습 부지런하지요. 무엇보다 황금별꽃으로 피어난 지금이 제일 멋지고 아름답네요.
　근면, 자조, 협동이라는 새마을 정신 아시는 분 많을 겁니다. 70년대 새마을운동이 요원의 불길처럼 타오르고 우리도 한번 잘 살아보자고 열심히 일했지요. 열심히, 정말 열심히… 그러나 요즘은 근면만 가지고는 안 된다고 하니 안타깝고 슬픕니다.

금계국

찬란한 황금물결

반짝반짝 금빛 찬란한 꽃물결

한들한들 흔들리며 반기는 꽃

옹기종기 병아리 자태의 꽃무리

길거리는 찬란한 금빛으로 채색되어

정겹고 다정한 손길을 내미는구려

어디서나 쉽게 만나는 꽃

　모두들 아시지요? 맞네요. '금계국金鷄菊'은 노란꽃잎이 금계의 깃
털을 닮았다고 붙여졌고 여름 코스모스, 노랑 코스모스라는 별명도
있지요. 국화과로 남아프리카 원산으로 도입된 친구이고 왕성한 생
명력 덕분에 길거리에 쫙 퍼져 있죠.

　이 친구는 '큰금계국'이랍니다. 금계국은 1~2년초로서 꽃이 3~5cm 정도이고 깃꼴겹잎이 1개로 털이 많데요. 큰금계국은 다년생이고 꽃이 4~6cm 정도로 약간 큰 편이고요. 키도 크며 잎이 밑에서 3개로 갈라지는 점이 다르데요. 지금 길거리에서 만나는 꽃들은 거의 큰금계국이라고 합니다.

　생명력이 좋아서 번식이 쉬운데요. 종자가 익으면 채종 후 바로 파종해도 되고 종이봉지에 보관해 다음 해 파종해도 되네요. 가을에 발아되면 겨울을 나고 지금 멋진 꽃을 볼 수 있고요. 봄(3월 초순경)에 파종하면 7월경에 꽃을 볼 수가 있는데요, 길거리 화단용으로 멋진 소재입니다. 길거리 절개지 법면이나 유휴지 집단으로 식재하여 꽃이 되는 5~6월이면 장관을 연출하게 되지요. 요즘 고속도로 절개지에 장관을 연출하지요.

　꽃말이 아주 좋네요. '상쾌한 기분'이라니 아시겠지요. 한들한들 길거리에 피어 있는 모습에 기분이 좋아지는 것은 당연합지요. 그래요. 황금빛 꽃물결에 상쾌해진 기분. 특히 고속도로변에 황금 물결 치는 큰금계국을 보면서 달리는 기분 정말 좋지요.

엄마표 응가의 진실
애기똥풀

황금빛 찬란한 꽃
깜찍하고 앙증스런 자태
시원스런 잎과 하늘거리네요.

그런데 이름이 꽃과 이름이 어울리지 않는구려. 네, 그래요. '애기
똥풀'이랍니다. 양귀비과에 속하고 봄부터 지금까지 쉽게 만나는 친
숙한 친구인데요, 줄기에 상처를 내면 황금빛 액이 나오는데 이게
애기의 배내똥 같다고 해서 붙여진 이름이랍니다. 그런 깊은 뜻이
있었군요.

꽃 색채가 애기똥 같은데 그게 아니었네요. 그래서일까요? '씨아
똥', '까치다리'라고 하는 것을 보니 어머니들의 육아 교육용인 것 같

아요. 황금빛, 금빛 찬란한 응가를 보며 기저귀를 가는 어머니들의 기쁜 모습이 그려집니다.

하나 더 쾌변, 건강의 상징이고요, '유쾌 · 통쾌 · 상쾌'입니다. 그리고 상추, 백화등, 민들레 등은 하얀 액체가 피나물, 매미꽃 등은 빨간 액체가 나오네요. 참고하시게요.

생약명은 백굴채白屈菜라고 하는데 위장염, 위궤양, 복부통증, 이질, 이뇨 등에 좋대요. 첼리도닌Cheldonine 성분이 함유되어 항종양에 대하여 섬유아세포의 유사분열을 억제한다고 하네요. 대단하네요.

꽃말이 '엄마의 사랑과 정성'이래요. 이보다 따뜻하고 아름다운 말이 있을까요? 이보다 더 좋은 것이 어디에 있을까요? 5월부터 지금까지 꽃이 피는데 엄마들의 사랑과 정성 때문에 오랫동안 꽃이 피어

있는 것이라 생각됩니다.

맞지요. 그리스 신화를 보면 애기제비 눈에 이물질이 끼어 볼 수 없었는데 어미제비가 애기똥풀을 꺾어서 나온 황금빛 액을 눈에 발라 주었더니 눈이 싸악 나았다니 대단한 안약이네요. 사람이나 짐승이나 모정母情은 같나 봐요.

애기 응가까지도 사랑했던 어머님! 시대가 변해서 엄마라 부르지만 어머니, 어머님, 모친, 자당 등 다양해도 모두 뜻과 사랑은 같지요.

하늘이 주신 열매
하늘타리

하늘빛이 그리워서 한 뼘 한 뼘 나아가오.
하늘색이 보고파서 한 발 한 발 올라가오.
하늘하늘 하얀 술을 갈래갈래 날리면서
동글동글 아침이슬 마주하여 빛나네요.

    흐트러진 머리칼 같기도 하고 갈래갈래 하얀 술은 이리저리 특이하고 자유로운 헤어스타일, 하늘에서 내려주신 '하늘타리'로서 열매는 '하늘수박'이라네요. 박과에 속하는 덩굴성으로 울타리, 나무 등을 부여잡고 자라는데 하늘수박, 하늘타리라고도 하네요.

    꽃 자태가 특이하며 화관이 5개로 갈라지고 다시 꽃술이 하얀 실처럼 갈래갈래 휘날리고 그나마 하얀 꽃들은 뭐가 그리도 부끄러운

지 밤에 핀다고 하네요. 하얀 속살을 보이기 곤란한 건가? 박꽃도 그렇고 옥잠화도 그렇고. 해가 지고 밤이 되면 서서히 피어나서 새벽녘에 만개하고 아침이면 지네요. 밤새 피어난 고운 자태는 부지런한 사람과 달님, 별님들이 독차지하고요.

하늘이 내려주신 열매라 해서 집집마다 몇 개씩은 노란 열매를 가을에 거두어 둔답니다. 수박처럼 보이는데 이게 가을이 되면 노란색으로 익는데 이게 약효가 끝내준다고 하네요.

그 효능을 살펴보면 첫째, 체내의 암세포가 생성되는 것을 억제하고, 성장을 막아주는 항암제. 둘째, 햇빛에 의한 화상 그리고 동상 등의 통증을 완화해주는 천연 진통제. 셋째, 체내 출혈과 여성분들 달마다 오는 빨갱이 막는 지혈제. 넷째, 피로를 덜 느끼게 하는 피로회복제. 이거면 병원에 갈 필요 없겠네요. 열매뿐만 아니라 뿌리, 줄기도 다 좋다고 하니 좋은 친구입니다.

꽃말이 '좋은 소식', '변치 않는 귀여움'인데 하늘이 내려주신 좋은 성분을 가진 꽃이 피었으니 이보다 좋은 소식이 있으리오. 꽃 모양이 특이하고 자유스러워 귀여움이 변하지 않을 것으로 생각됩니다. 멋진 꽃말에 서민적인 친숙한 모습, 더욱이 어머님의 고운 색을 가졌기에 다정하네요.

사랑과 평화의 종
더덕꽃

흔들흔들 좌우로 흔들거리며

땡그랑 땡그랑 청아한 종소리 울리니

한들거리며 내 마음이 다가가네요.

    평화의 종소리로 아침을 열어 봅니다. 종鐘을 닮은 꽃인데 초롱꽃과의 '더덕꽃'이랍니다. 가덕加德! 더할 가加에 큰 덕德 이두식 표기로 더덕이 되었다고 하네요. '더' 더하기 즉, 플러스(+) 많이들 쓰지요. 더 사랑하고, 더 아껴주고, 더 도와주고 이러면 사랑과 평화가 오는 것인데 왜 그게 어려운 것일까요?

    그리고 농사에 '더'가 들어서 돈을 벌려는 사업으로 변하고 있지요. 더 달고, 더 빨리, 더 많이, 더 크게 경쟁의 구호처럼 남보다 빨리 출하되어야 높은 가격을 받을 수 있고, 농산물이 커야 좋은 가격에 빨리 팔리게 되고, 달고 맛있어야 계속해서 팔리게 되고, 많이 생산되어야 돈이 되지요. 결국은 돈으로 연계되니 생명산업이 경쟁산업으로 변해가고 있어 안타깝네요.

이 친구는 사삼沙蔘이라고 해서 인삼, 단삼, 현삼, 고삼과 함께 오삼이라고 하고, 하얀 젖 같은 즙이 나오므로 양유羊乳라고도 한답니다. 또 뿌리가 인삼과 비슷하고 잎이 4장이라 사엽당삼이라고 하는 등 다양한 이름이 있네요. 뭐니 뭐니 해도 고추장 양념으로 구운 '더덕구이'가 매콤달콤한 맛, 서걱서걱 씹히는 그 맛, 오염되지 않는 상큼한 향기, 하얀 쌀밥에 동동주까지 곁들이면 최고지요.

더욱이 인삼처럼 사포닌 성분도 있고 이런저런 성분이 많아 음식보다 약이지요. 더덕 좋은 것은 설명하지 않아도 다 아실 것이라 생략해도 되겠지요. 이 친구는 뿌리뿐만 아니라 꽃, 줄기 전체에서 상큼한 향기가 나는 것이 매력적인데요, 산을 좋아하시는 분 그 향기 아시지요? 느낀 대로 느껴 보시길.

　꽃말이 '성실', '감사'라고 하네요. 악조건에도 열심히 살아가는 성실성, 뿌리부터 모든 것을 이용하니 감사하고 향기로 존재 가치를 알려주니 더 감사합지요. "바람소리는 귀로 들었을 때 비로소 바람소리가 되고 꽃향기는 코로 맡았을 때 마침내 꽃향기가 된다."라는 말씀을 음미해 봅니다.

액운을 막아주는 보물
괴불주머니

괴 - 괴로움과 아픔을 잊고

불 - 불신과 미움을 버리고

주 - 주인 대접받을 수 있도록

머 - 머리 숙여 간곡히 기도하여

니 - 니나노 닐리리야 태평가 부르세.

'노란 리본'을 닮은 꽃인 '괴불주머니', 세밀하게는 '염주괴불주머니'이네요. 현호색과의 두해살이풀로서 10여 종이 서식하며 괴불주머니, 산괴불주머니 등은 봄에 피는데 이 친구와 가는괴불주머니 등은 7~8월에 피지요.

괴불주머니란, 한복주머니 끝에 매달고 노리개로 오방색 헝겊을

귀나게 접어서 속에는 솜을 넣어 도톰하게 하고 겉에는 수繡 놓은 것이래요. 이것을 차고 다니면 삼재를 막고 악귀를 물리친다 하여 어린애 옷에 달아 주었대요.

이 친구는 씨방이 염주처럼 생겨 '염주괴불주머니'라고 한다는데 꽃이 현호색과 비슷하네요. 현호색과 같은 과라서 닮았지요. 현호색은 초봄에 피고 초장(키)이 적고 괴불주머니는 초장이 큰 편이며 현호색은 뿌리에 덩이줄기가 있지만 이 친구는 없는 것도 특징이랍니다. 꽃을 구분하는 것이 어렵고 힘들지만 꽃을 사랑하면 저절로 알게 되니 모두 모두 사랑하게요.

그리고요. 독초지만 약효가 엄청나네요. 살균, 해독의 효능이 있어 완선, 종기 등에 사용한다는데 요즘은 암세포를 억제하는 성분이 발견되었다고 하네요. 꽃말이 '보물주머니' 대단한 꽃말인데요, 평화로운 꽃 색채와 고운 자태가 보물주머니였겠지요. 우리 곁에 있었지만 우리는 모르고 있었죠.

그래요. 우리 모두 보물주머니를 활짝 열어 봅시다. 모든 고통이 봄눈 녹듯이 사라져서 '사랑과 축복'이 가득하여 화평한 복된 세상 다 함께 〈태평가〉를 부르게요. 그 태평 소리에 액운이 멀어져가고 만복이 가득가득 들어오기를 기원합니다. 이 친구가 액운을 막아주는 보물로서 가치가 위대해 보입니다.

계요등

너와나 손에 손잡고 하늘빛 타고 오르다

둥글고 둥근 꽃송이 가련히 피어나고요

대롱 꽃 속에 별꽃이 빛나며 웃고 있구려

'계요등' 인사드립니다. 꼭두서니과로 낙엽덩굴성으로 산야에서
귀엽고 예쁜 꽃을 피우는데 이름이 특이하네요. 닭 계鷄, 오줌 요尿,
등나무 등藤 즉, '닭오줌덩굴'이라고 합니다. "닭이 오줌을 누나요?"
"닭치고~!" 말을 안 들어서 오줌을 없애 버렸습니다.

사연인즉, 원래는 똥 시屎자를 써서 '계시등'이었다가 뭔가는 모르
지만 바뀌었대요. 맞아요. 닭똥! 이 친구의 잎이나 줄기를 만지면 이
상한 구린내, 그러니까 닭똥 비슷한 냄새가 역겹지요. 그래서 '구렁

내덩굴'이라고도 하는데 이게 살아가는 방법이지요.

  곤충이나 짐승들에게 잎줄기를 보호하기 위하여 상처가 나면 세포 안에 있는 '페레로이드'라는 성분이 분해되이 '미캅탄mercatan'이라는 가스로 바뀐다네요. 그래서 고약한 냄새로 한 방에 쫓아버리네요. 스컹크 같은 전략이네요. "날 건드리지 마세요.", "만지지 말고 눈으로만 보세요.", "만지면 안 돼요." 이런 전략이면 성추행도 없어지는데 이런 약 개발해 볼까요? 대박 날 것 같은데. 그래도 꽃에는 냄새가 나지 않은 편이라 그나마 다행이랄까요?

  그래도 좋은 성분이 많아 신경통, 관절염, 소화불량 등에 사용된다고 하네요. 약이 안 되는 식물은 없더라고요. 그래서 느낀 건데 세상에 필요 없는 것은 없는데 풀 하나 모래 하나 다 필요가 있데요.

  '지혜'라는 꽃말을 가지고 있네요. 지혜知慧, 의미가 있는 말로서 설명이 필요 없겠지요. 연약한 덩굴풀인 이 친구가 살아남기 위해서 고약한 냄새를 가져서 살아남고 작은 풀에서 지혜를 배웁니다. 어찌 보면 무서운 친구지요. 왜냐하면 생화학 무기의 원조라고나 할까요? 야전에서 가스전을 하고 있으니까 놀라운 지혜에 감동합니다.

그러나 꽃 안을 자세히 보세요. 그래요, 오각형의 별 모양이지요. 반짝반짝 빛나는 작은 붉은 별. 앙증맞고 귀엽네요. 이것을 보면 모두에게 장단점이 있나봐요. 서로의 장점을 살려주시게요. "소인은 남의 단점을 이야기하고 대인은 남의 장점을 이야기한다."라는 말을 음미해 봅니다.

정성과 장수(長壽)의 상징
국수꽃

　우리 밀이 누렇게 익어가는 것을 보니 흐뭇하고 가슴 벅차게 다가
오네요. 통밀가루로 만든 어머님 국수가 생각나기 때문인 거지요.
투박하면서 고소한 맛! 열무김치와 어우러진 감칠맛! 논두렁에 걸터
앉아서 먹는 맛! 그 어떻게 표현하리요.
　어머님의 국시는 잔치국시, 풋칼국시, 콩국시, 수제비까지 다양하
게 만들어졌는데 국시는 국수, 풋은 팥의 사투리이네요. 그 맛을 그
리워하며 간절히 생각나게 하는 '국수나무꽃'이 피었나이다.

　앙증스런 작은 꽃에서 솔솔 풍기는 은은한 향, 웅웅거리며 다가서
는 꿀벌과 교우하고 가냘픈 가지는 하늘거리며 춤을 추네요. 장미과

로 산기슭 오솔길에 피어나서 지나가는 나그네 발길을 멈추게 하고 입가에 웃음이 머물게 하는구려.

가지가 국수가닥 같다고 줄기 속의 굵고 하얀 모습이 국수처럼 생겼다고 국수나무라고 한다는데요. 국수는 긴 가닥처럼 오래 살라는 장수長壽 상징으로서 잔치에 쓰이는 귀한 음식이었지요. "언제 국수 줄 거야?" 이런 정겨운 말은 요즘 도통 들을 수 없네요. 서민 음식으로 전락해버리고 파스타가 고급으로 바뀌었으니 왠지 씁쓸하외이다.

꽃말이 '모정'이라고 하네요. 맞네요. 어머님의 정성과 사랑이 가득한 국수. 어떻게 표현하리오. 어떻게 가늠할 수 있으리오. 모정은 무한무궁 등등 오히려 많은 표현이 모정에 대한 도리가 아닐 것 같아서 더는 쓰지 않겠습니다.

우리 구례에는 우리 밀을 살려서 좋은 먹거리를 만들려고 고생하시는 농부님이 많습니다. 그 리더가 최성호 대표로 80년대부터 우리 밀 사업을 전개하여 우리 밀가루가 많이 생산되어 국수, 수제비 등을 쉽게 접할 수 있지요. 우리 밀가루에 쑥부쟁이 분말을 첨가하여 만든 쑥부쟁이국수! 구수함과 풋풋함에 나트륨 배출과 다이어트 효과까지 있어서 신세대에게 인기몰이 중이지요. 특히 다이어트를 하시는 여성분께 권합니다.

외국산 밀가루를 드시지 마시라고 하는 것은, 운반과정에서 사용되고 농약과 GMO, 무엇보다 무서운 것은 수확 전에 살포되는 라운드업 제초제라지요. 이 성분은 위장질환, 비만, 당뇨 등을 유발한다고 하니 우리 밀을 애용하셔요.

해변의 여인향기
해당화

해변을 배회하는 갈매기와 바람에
당신의 고운 자태 찬란하게 빛나고
화사한 향기를 모두에게 안겨주네.

　그래요. 바닷가는 아니 섬 전체가 당신이었소. 고적함을 위무하는 고운 자태와 향기 그래서 이미자 님의 〈섬마을 선생님〉의 가요를 잔잔히 불러봅니다. '해당화 피고 지는 섬마을에 철새 따라 찾아온 총각 선생님.'

　이제 마음이 같아졌나요? 같은 감흥으로 이야기하게요. 섬마을에 해당화海棠花가 만발했네요. 아니, 백령도 해변에 갈매기와 파도소리 그리고 해풍과 교우하며 은은한 향기를 가슴 깊게 안겨 주네요.

"무슨 향?"

"화사하고 달콤한 꽃향기를 모르겠소?"

"향기는 나는데 꼬집어서 어떤 향인지?"

"일단, 매화향에 찔레향이 조합된 것 같으며 특유의 달콤한 게 전체적으로 화사하다는 느낌을 줍니다."

"알겠소. '해변의 여인 향기'이구려."

맞네요. 해변의 여인 향기를 가진 해당화海棠花는 '바닷가에 피는 당꽃'이라고 풀이되지만 여기서 당棠은 '아가위'를 말하죠. 아가위란

산사나무 열매 산사춘인데 꽃이 지고 열매가 붉게 익으면 비슷하다고 붙여진 이름이래요. 열매에 아스코르브산이 함유되어 비타민이 많아 면역력을 높이고 신진대사를 촉진한다지요. 그리고 당뇨, 위궤양, 빈혈 등에 좋다고 합니다.

　장미과이고 꽃은 홍자색인데 흰색도 있고 꽃, 열매, 줄기, 향기까지 버릴 게 없지요. 꽃말은 상반되는 세 가지인데 먼저, '미인의 잠결'은 화사하고 달콤한 향기가 미인의 잠자리를 편안하게 하고요. 둘째, '온화한 미인'은 기품 있는 색채에 고고한 자태로 미소 짓는 꽃송이가 고혹적이고요. 셋째, '원망'은 달콤한 향기와 온화한 고운 자태를 가지려 하다가 가시에 찔려서 아프고, 해변에 있어 자주 못 보니 원망이겠죠. 저는 두 번째가 좋은데 취향에 따라 정해 보셔요.

고결하고 청초한 신선
둥굴레

둥글게 둥글게

빙글빙글 돌아가며

춤을 춥시다.

시원하고 청초한 잎!

완만히 휘어지는 줄기!

둥굴게 피어나는 꽃!

정답게 짝지은 꽃송이!

종(鍾) 모양의 꽃에서 사랑노래가 울리네요.

백합과의 '둥굴레'라고 하는데요, 꽃, 줄기, 잎 등이 둥굴둥굴 해설랑 둥굴레라고 했나 보고 있어요. 하나 짚고 갈게요. '둥굴레'가 맞는 표현인가? '둥글레'가 맞는 표현인가? 여기저기 문헌이랑 인터넷에 다르게 나오지요. 그렇대요. 국가식물표준목록에는 '둥굴레'라고 등재되어 있으니 이것이 진짜 이름입니다. 그런데 왜 둥글레가 있냐고요? 둥글레는 현대적 표현이라서 문법적으로는 맞다고 합니다.

암튼, 호적 이름이 진짜인 것처럼 둥굴레가 진짜 이름입니다. 그리고 아름다운 풀이라는 여초麗草, 생김새가 신선 같다는 신선초神仙草, 임금님이 상용했다는 옥죽玉竹. 그러고 보니 잎줄기가 대나무 닮았네요.

뿌리도 그렇고 그래요. 굵고 살찐 뿌리는 배고픔을 달래주는 구황식품으로서 귀한 대접을 받았지요. 더욱이 심장 쇠약, 당뇨 개선, 마른기침 등에 좋은 효능까지 있고요. 특히 볶으면 구수한 차, 누룽지 맛이 나는 차 맛이 일품이지요. 덕분에 산에는 거의 멸종되다시피 하여 시중에는 거의 중국산이라고 하더이다.

분화, 화단용으로 적합한데요. 무늬 둥굴레가 고결하고 시원한 자태로 최고의 대접을 받고 있네요. 절엽으로도 각광받아 코사지, 꽃꽂이용으로 인기랍니다. 꽃말은 '고귀한 봉사'라고 합니다. "아낌없이 모든 것을 주고도 또 줄 게 없나 걱정하는 것이 사랑"이라고 하더이다. 뿌리에서 줄기까지 아름다운 자태까지 우리에게 기쁨과 행복을 안겨주는 둥굴레.

애절한 천년사랑
천년초

천 년에 한 알씩 모래를

나르는 황새가 있었단다.

그 모래가 쌓여 산이 될 때까지

너를 사랑하고 싶다.

천 년에 한 번 피는 꽃이 있었는데

그 꽃의 꽃잎이 쌓이고 쌓여

하늘에 닿을 때까지

너를 사랑하고 싶다.

'천년 사랑'이라는 시가 잔잔히 다가와 가슴에 안기어 옵니다. 누가 지었는지 모르지만 애절하고, 고뇌의 사랑을 갈구하였지요. 여기에 딱 맞는 꽃, 가시 사이에서 피어난 황금빛 찬란한 꽃송이, '천년초'올시다. 하루만 사랑해도 천 년의 세월이고 꽃이 한 번 피면 천년을 간다고 하며 천 가지의 병도 고칠 수 있다고 하네요. 그리고 줄기가 손바닥과 비슷하다고 '손바닥선인장'이라네요.

　선인장仙人掌을 직역하면 신선의 손바닥이에요. 선인장 하면 황량한 사막이 생각나고 잎이 변형된 무시무시한 가시인데요, 멋진 이름에 찬란한 황금빛 꽃이 피다니 놀랍군요. 그런데 백년초와 비슷하지요. 백년초는 줄기가 위로 올라가고, 겨울에 영하 5℃ 이하에서 얼어 죽고요, 꽃을 자세히 보시면 가운데 암술이 초록색이랍니다.
　선인장의 생존전략 아시나요? 생물시간에 배운 건데 잊어버렸나 거친 사막에서 살기 위하여 잎이 가시로 변해 수분 증발과 초식동물로부터 잎을 보호하며 체온을 내리는 효과도 있답니다. 이제 기억나시지요? 이렇게 고도의 생존전략을 가졌기에 효능이 아주 좋네요. 황상규 님 글에 의하면 천년초는 항암, 항균, 항산화 물질이 많아서 면역력 증강과 혈액 순환으로 노폐물을 제거한대요.

특히 식이섬유가 과일보다 40배 많고 비타민C가 알로에보다 8배 높고 칼슘은 멸치보다 8배 많다고 하네요. 진짜 좋은 효능이 많네요. 꽃말이 '무장', '인내', '불타는 마음'인데요, 듬성듬성 가시가 있으니 무장한 군인 같고, 거친 환경에서도 살아가는 '인내'가 있는데 글쎄요? '불타는 마음'은 이해가 되지가 않는구려. 어떤 연유로 불타는 마음이 되었는지 같이 깊은 고민을 하면서 조용히 살펴보시기 바랍니다.

노각꽃

초록·들녘 햇살아래 초록바람 불어오니
초록물결 일렁이고 초록향기 가득하니
초록마음 여유롭고 초록사랑 그리웁네.

사방 천지가 초록^{草綠}, 싱그러운 초록빛 사이에 하얀 점처럼 오롯이 피어나는 꽃이 있더이다. 신성한 색채에 고혹적 자태로 미소 지으며 고운 향기를 가졌더이다. 향기의 선율에 따라서 "노세노세 젊어서 노세 늙어지면 못 노나니 화무는 십일홍이요." 나직한 노래가 흐르더이다.

'노각나무꽃' 차나무과로 차꽃 비슷하고, 여름에 핀 동백 같다 하

여 '하동백'이라고도 하지요. 또 나무껍질이 비단같이 아름답다 하
여 금수목錦繡木이라고 한대요. 노각나무란 이름의 유래가 두 가지가
있는데 먼저 나무가 백로鷺 다리脚 같다는 학설과 둘째로 사슴鹿 뿔角
같아서 녹각나무라고 하다 노각나무라고 불렀다는 학설이 있대요.

　자, 하나씩 살펴보게요. 일단 두 번째는 사슴 뿔 같다는 것은 가
지만 보는 것으로서 오래된 나무는 백로 다리처럼 늘씬하고, 녹각
이 노각으로 변했다는 것은 너무나 비약적이라 생각이 듭니다. 노
鷺는 왜가리과의 새 가운데 몸빛이 흰색인 새를 통칭한 말로서 통용
되고 초록들녘을 롱다리로 하얀새 그리고 꽃색이 흰색이라 같지요.
정리하면 노鷺는 백로, 해오라기의 흰새이고 미끈하고 예쁜 롱다리
脚을 지칭하는 것, 즉, 백로다리라고 합니다.

자! 우리 이렇게 정하는 겁니다. 다른 말씀 없기요. 하나 더 알고 가게요. 학명을 보시면 Stewartia Korena NAKAI. 우리나라 특산식물이라 코리아나는 넣었는데 명명자가 나까이라는 것 잊지 마셔요.

꽃말이 '정의', '견고'이네요. 정의는 승리한다고 하니 열심히 국력을 키워가서 견고하게 지켜냅시다. 순백의 꽃처럼 정의롭고 단단한 재질처럼 견고하게 우리나라와 농업과 농촌을 지켜나가게요. 그 중심에는 농부님이 있다는 것, 절대로 잊지 마시고요. 농부님의 피와 땀으로 영근 농산물, 비싸다고요? 고생에 비하면 무척 싸답니다. 귀농한 젊은이들이 열심히 농사지은 우리 친환경 농산물 많이 이용해 주셔요. 그것이 농부를 도와주는 것이네요.

민초들의 고마운 존재
때죽꽃

친구여 때가 되었소이다.
같이 일하면 대박이 나겠소이다.

친구야 때가 되었나보네.
같이 따뜻한 집밥을 먹어보세.

친구야 때가 되었구나.
같이 시원한 막걸리 한잔하자.

때가 왔으니 때때옷 입고 거칠 것 없이 죽죽 나가세. 때맞추어 밥

도 먹었고 술도 한잔했으니 모든 일에는 때가 있다고 하더이다. '때'를 알려주는 친숙한 '때죽나무'이네요. 때죽나무과로 꽃은 5월에 하얀색으로 피었고, 꽃이 진 후 둥근 모양의 열매가 반질반질하게 열렸답니다. 그런데 해님을 보기가 부끄러운가 꽃들이 아래를 보고서 살랑살랑 피어나니 실바람에 까르르 웃으며 달콤한 향기를 내서 지나가던 나그네 발길을 붙잡네요.

때죽나무란 이름의 유래를 살펴보니 먼저, 나무껍질이 때가 낀 것 같다는 설. 둘째, 열매로 빨래하면 때가 죽죽 빠졌다는 설. 셋째, 열매를 찧어 계곡물에 풀면 물고기가 떼로 죽어서 붙었다는 설. 넷째, 열매모양이 스님 머리와 비슷해 중이 떼로 다닌다고 떼중나무가 때죽으로 변했다는 설.

어릴 적 이 열매로 빨래하는 것 보았는데 열매에 사포닌 성분이 있어서 거품이 잘 생기므로 비누가 귀하던 시절이라 찌든 때를 죽죽 없애주는 이 열매가 고맙고, 감사했겠지요. 또한 마취 성분도 있어서 떼로 물고기가 기절해 버리니 천렵하는 재미도 쏠쏠했겠지요. "때가 죽죽 빠져서 때죽나무라 했다." 여기에 신빙성과 정감이 가네요. 더불어 기름 성분이 있어 등잔불용으로 사용했고, 머릿기름으로 썼고요. 기침, 가래 등에도 효능이 있으니 민초들의 고마운 존재이네요.

꽃말이 '겸손'이라네요. 겸손, 옥빛의 색채와 은은하고 달콤한 꽃향, 실바람에 살랑살랑 춤추는 자태, 주렁주렁 반짝이는 회색빛 열매, 그래요. 고혹적 자태와 향기를 가졌으나 겸손하고 또 겸손하네요.

앙증스런 작은꽃 사랑
참바위취

구름을 친구 삼아
하늘을 우러러보며
바람을 사귀었네.

차가운 바위 속에
가녀린 뿌리 내려
사랑꽃 피었다오.

내게도 예쁜 꽃이
내게도 고운 잎이
있음을 모르구나.

높은 산 차가운 바위에 둥지를 틀고 힘들게 앙증스런 꽃을 피운 '참바위취'이네요. 바위에 살고 범의귀과로 앙증스런 작은 꽃이 예쁘답니다. "나는요, 작은 거인 대장이로소이다." 당당히 외치네요. 높은 산 정상 바위 한편에 자리 잡고 어렵고 힘든 고통 속에 피운 예쁜 꽃, 반짝반짝 빛나는 멋지고 고운 잎, 그러나 사람들은 모르네요. 정상에 오면 우르르 사진 찍기에 바쁘고, 주위 경관에 감탄하여 구경에 빠져들고, 거친 숨 몰아쉬며 에너지 충전하시느라 이래저래 몰라주네요.

그래도
"내게도 고운 이름이 있음을
사람들은 모르지만 서운하지 않아."

이해인의 「풀꽃의 노래」라는 시의 한 구절처럼 서운하지 않네요. 그저 때에 조건에 따라 피고 지고 원망하거나 미워하지도 않고요. 다른 꽃들이 더 예쁘고 향기도 좋아도 모방하거나 질투하지도 않네요.

꽃말이 '절실한 사랑'이래요. 어렵고 힘들게 피운 꽃, 작아서 사람들은 모르기에 더 절실하고 진실한 사랑이 필요하나 봅니다. 그래요. 절실하고 따뜻한 사랑을 주셔요. 차가운 바위에서 살고 있으니 따스한 숨결과 부드러운 속살과 시원한 물이 절실한 것처럼 따스함과 부드러운 말씀과 시원한 해결을 해주는 것이 정답이라고 봅니다. 주위부터 절실한 사랑이 없는지 찾아보는 귀한 시간 되셔요.

수런수런 빛나는 여인

바위채송화

바라보면 볼수록

위트 있게 멋지고

채색되어 빛난 별

송알송알 피어나

화사하게 빛나네.

　오각형의 황금별이 피었소이다. 꼭짓점에 사연을 담고 희미한 추억을 수런수런 이야기하며 시를 낭송하네요. 높은 산 바위틈에 옹기종기 모여서 송알거리며 황금빛을 피우는 '바위채송화' 돌나물과로 잎이 솔잎을 닮았다고 바위에 산다고 바위채송화라고 한다네요.

보석을 좋아한 여왕의 보석이 조각조각 흩어져 채송화가 되었다
는 전설처럼 꽃이 보석처럼 찬란하게 빛나지요. 그러나 사는 곳이
궁색한 바위틈이라 그 아름다움을 다 보여주지 못하여 안타깝네요.
그래요. 바위에 살지요. 바위하면 생각나는 시가 있는데요,

애련(愛憐)에 물들지 않고
희로(喜怒)에 움직이지 않고
비와 바람에 깎이는 대로
억년 비정(非情)의 함묵에

유치환 시인의 〈바위〉라는 시구에 모두들 공감하시나요. 이루지 못한 사랑에 연연하지 않고 기쁨과 성냄에도 꿋꿋한 그저 자연 순리대로 과묵하게 서 있는 바윗돌! 황량하고 과묵한 바위에 비와 바람과 구름 외에는 찾아오지도 않고 친구도 없을 것 같은데 조그만 틈새에 자리 잡고 억세게 살아가면서 찬란한 황금빛 보석 같은 꽃을 피우니 위대한 생명의 숨결과 따뜻한 정을 느낍니다.

요즘 옥상조경이 주목받고 있는데 기린초, 돌나물, 땅채송화 등과 각광을 받는대요. 왜냐하면 물을 자주 주지 않아도 되고, 햇빛을 좋아해서 옥상녹화에 딱이랍니다. 이게 장점을 이용한 생태조경인 거죠.

꽃말이 '가련함', '순진함'이래요. 바위틈에서 앙증스럽고 억척같이 살아가는 게 가련하게 보였나 보고요, 평화로운 황금빛 꽃송이가 순진한 모습으로 비추어지나 봅니다.

몽글몽글 피는 사랑꽃비

싸리꽃

홍자색 그리움으로

하늘까지 쓸고 있네.

싸리비 꽃사리비 되어.

　홍해리 시인의 「싸리꽃」이라는 시 한 편이 가슴속으로 들어와 빗질을 합니다. 홍자색 꽃송이가 꽃다발처럼 몽글몽글 피면서 달콤한 향기를 나누어 줍니다. 민초들의 애환과 정서가 깃들어 있는 '싸리꽃'으로 키가 큰 참싸리, 땅에 붙은 땅비싸리 등 20여 종이 서식하지요.

　콩과의 낙엽관목으로 민초들의 생활에 유용하게 사용되는 삼태기, 소쿠리, 발대 등 농기구에 싸리비로 마당을 쓸고, 고기발을 만들어 천렵하고 울타리나 사립문도 만들었지요. 무엇보다 아이들이 무서워하는 회초리! 훈육을 위한 회초리로 최고였는데 탄력이 있어 맞는 아이나 때리는 부모의 감정이 섞이지 않고 사랑을 전달할 수 있었지요. 옛날 과제에 급제한 선비는 싸리나무에 공손히 절을 했다고 하데요. 싸리 회초리가 정신 차리고 공부하도록 했으니 일등 공신이구려…

전방에서 군대생활 하시는 분이 싸리비하면 보기도 싫지요. 가으내 싸리비 만들고 겨울에는 제설작업. 왜 눈은 주말에만 오는지… 원망스럽고 미웠지요. 생약명으로 호지자胡枝子라고 하여 아스코르브산, 플라보노이드 등 몸에 좋은 성분들이 함유되어 두통, 고혈압, 만성피로, 신장염 등에 좋대요. 특히 꽃차로 날마다 마시면 피부미용에 딱 좋대요.

싸리꽃이 풍성하고 꿀이 많아 꿀벌들이 찾아와 좋은 꿀을 만드는 밀원식물이고 가로화단이나 공한지 등에 심어서 도시 미관도 가꾸고 꿀도 얻을 수 있네요. 꽃말은 '사색', '생각'이래요. 두통과 만성피로를 없애주니 사색하기 좋은가. 회초리를 생각하면 정신이 확 드는가. 꽃과 향기에 취하여 좋은 사색과 생각으로…

그리고 이것 한번 생각해 보셔요. 좋은 생각에서 발취한 것으로서 스님이 마당에 큰 원을 그리고 동자승에게 "원 안에 들어가면 열흘 동안 공양을 주지 않고 원 밖에 있으면 내쫓을 것이다." 하였더랍니다. 동자승은 난감했지요. 골똘한 생각 끝에 동자승은 싸리비로 원을 쓸어버렸습니다. 원 안에 머물지도 않고 바깥에 머물지 않는 방도는 원을 없애는 것이었지요. 그래서 동자승은 자유를 얻었고 고민에서 해방되어 생각이 자유로워졌답니다.

제4부

풍요의 가을 야생화

달님과 노니는 백학

옥잠화

초록색의 윤택한 잎!

청초하고 깨끗한 꽃!

은은하고 달콤한 향!

달님과 마주 보며 웃는 꽃.

달님을 따라서 피어난 꽃.

달님이 밤새 지켜주는 꽃.

　고결하고 청아한 꽃과 맑고 달콤한 향기가 일품인 '옥잠화'입니다. 선녀의 옥비녀가 변해서 피어난 꽃으로 구슬 옥玉 비녀 잠簪을 쓰는데 꽃 피기 전 모습을 찬찬히 살펴보시면 이해가 갑니다.

　이 친구는 석양이 되면 비녀 모양의 꽃봉오리가 부풀어 오르고,

가운데서 암술이 나오면서 꽃이 서서히 피어난답니다. 빠른 것은 오후 6시경에 피고, 7~8시경에는 활짝 피어 맑고 달콤하면서 고혹적인 향기를 발산하네요. 그 향기는 달님과 만남으로 더욱 빛나고 그 향기는 달님과 마주 보며 밤새 놀지요.

이 좋을 어떻게 전해 드릴 수 있나요.
이 좋을 어떻게 안겨 드릴 수 있나요.
이 좋을 어떻게 고이 드릴 수 있나요.

그러나 달님이 지고, 해님이 뜨면 나팔 모양의 꽃도 향기도 사라져버립니다. 밤의 여왕 꽃이라고 할까요. 이 친구는 벌나비가 거의 오지를 않는답니다. 꽃을 보면 금방 알지요. 나팔처럼 길게 뻗어 꿀을 가지러 갈 수 없고 암술이 수술 위에 있지요. 이것은 딴꽃에서 꽃가루를 받겠다는 자세라서 벌나비가 도와 줄 수가 없답니다. 향기는 일품이지만 짝짓기는 어렵구려.

그래도 다 살아가는 방법이 있더이다. 뭐냐고요. 초가을 아침저녁
에 살랑살랑 불어오는 바람이 도와주데요. 이것을 전문용어로 '풍매
風媒'라 합니다. 그래서 선풍기형의 에어팬을 지붕에 달아서 살살 불
어주니 씨앗이 잘 맺히데요. 이것이 특허 제413105호이네요.

화단, 화분용으로도 최고이고 화단에 심을 때나 나무 아래 그늘에
심어야 되네요. 햇빛에 약하여 햇빛을 보면 잎이 누렇게 되고, 손상
되어 버립니다. 꽃말은 '추억', '조용한 사랑'이래요. 초가을에 추억
을 안고서 피어나고 바람결에 조용한 사랑을 나누나 봅니다. 맑고
달콤한 향기에 초록색의 반짝이는 잎도 멋지고 무엇보다 석양에 필
꽃봉오리가 매력적이죠. 이게 옥비녀 모양으로 피기 전 터질 듯한
고혹적인 자태이더이다.

1997년에 개발한 '노고단 향수'는 이 향기를 추출하여 원추리 등
향기를 조합하여 만들었지요. 그래서 향기가 은은하면서 달콤하답
니다.

외로움에 그리운 당신

상사화

어이할고 어이할거나

서로서로 그리워하는

뜨거운 열정을 어찌하오.

연민의 정과 그리움에 병이 되고

아쉬운 마음은 상처를 남기네요.

잎이 있을 때는 꽃이 없고, 꽃이 필 때는 잎이 없는 엇박자의 잘
못된 인연을 어떻게 말할 수 있으리오. 잎과 꽃이 서로 만나지 못
하는 '상사화相思花'로 수선화과에 구근식물로 뜨거운 열정 때문인지
한여름 무더위 속에서 피어나는 야생화이네요.

어릴 적 새봄과 함께 군자란 잎처럼 넓게 힘차게 나온 잎을 보며 마냥 신기해했는데 어머님께서 난초라 하시더라고요. 어느 날 잎은 흔적도 없어졌고, 뜨거운 여름 무더위 속에 오롯이 나온 분홍빛의 꽃무리 멀대 같은 줄기에 나팔 모양의 꽃이 외로워 보이고 신기해 보이기도 했는데 야생화 공부를 하여 보니 이게 상사화였다는 것을 알게 되었지요.

일단, 상사화와 꽃무릇이 헷갈리는 분을 위하여 정리할게요. 상사화는 봄에 일찍 잎이 나오는데 5~7월 고온기에 잎이 없어졌다가 8월에 분홍색 꽃이 피고 꽃이 진 후 다음 해까지 잎이 없답니다.

꽃무릇은 잎이 10월 초, 꽃이 진 후에 나와서 겨울에 푸른 잎을 간직하고 있다가 5월경 없어졌다가 9월경 붉은색 꽃이 핀답니다. 잎도 상사화는 군자란처럼 넓고 꽃무릇은 난처럼 좁고요. 꽃피는 시기도 다르고 꽃색도 다르다는 점, 알고 계셔요.

꽃말이 '이루어질 수 없는 사랑'이랍니다. 가슴 아픈 단어이고 슬프고 괴로운 일이지요. 사랑하는 사람을 만나지 못하는 고통보다 큰 아픔이 어디에 있을는지… 이루어질 수 없는 사랑에 몸서리치고 방황하고 청춘들의 사랑을 어떻게 대변할 수 있으리오.

욕망을 내려놓고, 연민의 정도 내려놓고, 뜨거운 감정도 내려놓을 때 비로소 차분하고 성숙한 사랑이 되지 않을까요. 세상의 모든 것이 변하고, 스쳐가고, 흘러가는 순리와 이치에 따라 이룰 수 없는 사랑도 추억으로 남겠지요. 추억이 뇌리에 기억되어 되새겨지지만 시간이 지날수록 희미한 갈색 추억으로 승화되어 아름다운 사랑이 되지 않을까 합니다.

가을여인의 사랑탑
층꽃

한 층 또 한 층

사랑의 꽃층이 올라가네요.

층층이 피어 오른 사랑탑(塔)

가을빛 가득 안고 있네요.

둥글둥글 층층이 쌓아지는

꽃송이에 향기가 가득하네요.

마편초과의 '층꽃'이랍니다. '층꽃풀', '층꽃나무'라고도 부르지요.
아관목亞灌木이래서 초본과 관목의 중간식물을 말하는 것으로 밑둥
은 나무이고 꽃 피던 가지들은 겨울에 마르죠. 그래서 '나무 같은

풀'을 말합니다.

　이 친구는 맑고 그윽한 꽃향기가 참 좋지요. 더불어 잎에서도 향기가 그윽하고요. 어제 날씨가 갑자기 추워지고 비도 오락가락하여 벌나비 친구가 없어서 사진에 담지 못했는데요, 날씨가 좋으면 꿀벌이 찾아와 꽃에서 꿀을 찾는 모습이 장관인데 아쉽네요. 꿀벌의 윙윙 소리와 가을빛 소리 소슬한 바람결에 하늘거리는 보랏빛 꽃 밑에서 위로 피어오르며 하늘 향한 모습, 사랑탑을 쌓아 오르는 가을여인의 기도, 잎과 꽃송이마다에서 피어오르는 향기, 그러나 무언가 부족한, 한 점 부족한 느낌이 드는 것은 바로 벌나비가 없어서인가 보네요.

　꽃이 지고 나면 종자가 맺히니 서리 오기 전에 가지 채 베어서 그늘에서 말리면 종자가 떨어집니다. 이 종자를 종이봉투에 넣어 보

관 후 봄에 파종하면 9월 초순부터 향기 가득한 이 친구를 만날 수 있지요. 여름에는 잎을 따서 문지르면 풀향이 그윽하네요. 준비하셨다가 내년에 화단이나 화분에 심는데 중부권에서는 화단에서 안 돼요. 밑 부분에 잎이 살아있는데 중부권에서는 겨울에 동사하거든요. 화분이나 꽃 박스에 심어서 베란다에서 월동해야 다음 해 꽃을 보는데요, 일년초처럼 종자를 받아 봄마다 파종해도 되고요.

'가을의 여인'이라는 꽃말인데요, 사랑탑을 쌓아가는 가을여인의 모습이 딱이네요. 귀족색인 보랏빛 꽃, 맑고 그윽한 향기, 곱고 우아한 자태, 여성 여러분께서 주인공이십니다. 그중에 한 분을 선정한다면 카친이신 카펠라(이신옥) 님이시네요. 바다를 바라보는 층꽃 사진의 주인공으로 무인도인 대덕도에서 가을을 층층이 쌓아 올린 보라색 탑꽃들을 예쁘게 담아 놓았네요.

당신을 향한 그리움

꽃무릇

내가 보려고 해도 너는 없었지

네가 보려고 해도 나는 없겠지

서로를 위하여 사라져가야 하는

서로를 위해서 사라져야 볼 수 있는

같은 시간 같은 장소에 함께할 수 없는 꽃무리

붉은 꽃술은 맑은 하늘과 해님을 감싸안으려 하고 헤아릴 수 없는 꽃송이는 서로서로 정답게 손잡아 찻잔 속에서의 잔잔한 눈빛처럼 마주하네요. 스치는 꽃바람인 줄 알았는데 마음이 머무는 꽃바다였고요. 햇살 고운 가을을 짧게 만난 아쉬움에 꽃바다를 스치는 바람은 저리도 바쁜가.

붉고 붉은빛으로 피어나는 그리움과 빈 가슴 덮었지만 밀려오는 아쉬움이 있는 저 꽃바다의 주인공은 '꽃무릇'이네요. 꽃이 필 때는 잎이 없고 잎이 있을 때는 꽃이 없어 서로를 그리워한다는 상사화相思花 속으로 수선화과이고 속명 리코리스Lycris는 바다의 여신 리코리스의 이름이니 '꽃바다' 맞네요.

석산石蒜이라고도 하고, 세속의 여인을 사모했던 스님이 그리움을 어찌할 수 없어서 절 근처에 심고 그리움을 달랬다는 꽃, 스님을 사모한 아가씨가 상사병으로 죽어서 절 근처에 묻어 주었는데 그리움을 안고서 나왔다는 꽃, 그래서 사찰 근처에 많다는 전설이고요. 용천사, 불갑사, 선운사 등은 꽃바다랍니다. 이렇듯 꽃무릇은 법화경 서품에 등장하는 하늘의 귀한 꽃 만수사화曼殊沙華로 부처님이 법

화경을 설법하실 때 하늘에서 꽃잎이 꽃비가 되어 무수히 내렸다고 하네요.

독초이기에 알뿌리에서 즙을 내어 탱화에 바르면 벌레가 생기지 않고 꽃은 염료로도 사용했다지요. 일본에서 최초의 마취제를 비늘줄기에서 채취해 제조했다니 효과가 굉장한가 봅니다. 이 친구는 꽃이 지고 난蘭 같은 잎이 나와서 월동을 하고 이듬해 5월경에 마르죠. 씨앗을 맺지 못하니 분구나 코칭법으로 번식합니다. 코칭법이란, 알뿌리 생장점을 도려내고 홈을 파서 모래에 묻으면 새끼구근이 많이 생긴답니다.

'슬픈 사랑', '슬펐던 기억'이라는 꽃말이네요. 화려함 속에 감추어진 가련한 꽃으로 불타오르는 듯한 정열의 자태가 슬픈 사랑을 대변하여 줍니다. 견우와 직녀는 일 년에 한 번은 만나지만 이 친구는 잎과 꽃은 영원히 못 하는 애틋한 꽃입니다. 영광 불갑사 앞의 꽃무릇 바다, 사랑의 꽃바다가 가을의 정취를 안기어 주네요.

당신의 향긋한 내음
∿ 참취 ∿

산허리 어디에도 하얀 꽃밭이었소이다.

쪽빛 하늘을 우러러 하얀 꽃은 눈부셨소이다.

가녀린 하얀 꽃은 앙증스런 웃음으로 영접했소이다.

하얀 꽃이 눈부신 '참취꽃'이네요. 취는 우리나라에 60여 종이 있는데 대략 20여 종을 먹을 수 있고 이 중 쫄깃하고 부드러운 식감과 향긋한 냄새로 취나물의 대표나물이 이 친구라고 할 수 있네요. '취'는 나물이라는 뜻의 채菜에서 유래되었기에 취나물이라 하면은 나물로서의 역전, 초가집, 이거와 비슷하지요. 참취, 곰취, 미역취, 각시취, 수리취 등에서 앞에 참자가 붙은 것은 진짜로, 정말로 맛있는 나물이라고 할 수 있지요.

새봄과 함께 싱그러운 새순이 올라와 향긋한 내음이 입맛을 당기고 칼리질이 많은 영양가 높은 알칼리성 식품으로 인기이고요. 묵나물로 만들어 정월대보름에 오곡밥과 같이 복쌈으로 귀하게 여겼지요.

"저기요. 나물 이야기는 봄에 하시지 가을엔 안 맞소."
"가을 나물은 더 맛있고, 건조시킨 묵나물은 비타민D 성분이 있기에 감기에 좋다는 사실 아셔요?"

그래요, 봄에 생나물도 좋지만 건조시키면서 햇빛에서 비타민D가 생성되어 몸에 좋고요. 생나물에는 독이 있지만 건나물에는 독성분이 전혀 없다는 것 잊지 마시구려. 그리고 하얀 꽃이 별빛처럼 빛나고 꽃송이가 무리 지어 반짝반짝 빛나는 고혹적인 자태가 산허

리를 감싸고 있더이다. 백운초白雲草, 백산국白山菊이라고 하니 구름 같은 꽃의 모습을 짐작했으리라 믿네요.

종자가 잘 맺혀 꽃이 진 후 채종하여 봄에 파종하면 번식이 쉽답니다. 요즘은 하우스에서 대량 재배하기에 정월대보름에도 생나물을 먹을 수 있고, 산지, 공한지 등에 군식하면 봄에는 나물 캐기 체험장으로, 가을에는 정적인 사진 촬영장으로 이용할 수 있답니다. 꽃말이 '이별'이라는데 꽃이 지면 이별을 한다는 것을 아시나요? 이별은 만남 속에 있기에 슬퍼할 것 없고, 만남은 이별을 내포하기에 모든 것은 순리대로 사는 것이라고 생각됩니다.

고혹적인 가을노래
물봉선

고운 홍자색 고깔을 살짝 쓰고서
소슬한 바람결에 하늘거리네.
개울가에 흐르는 물소리 장단에다
도르르 감싸안아 휘파람을 불면서
애타게 가을을 부르고 있소이다.

늦더위에 지친 모든 분
명절에 고달픈 주부님
오늘은 가만히 두시고 제발 건드리지 마셔요.
조금만 건드려도 팡 터집니다. 폭발합니다.

'물봉선'인데요, '나를 건드리지 마셔요'라는 꽃말이라서 늦더위와 추석 명절에 지친 주부님들께 위로가 되고자 이 친구를 소개합니다. 계곡 그늘진 습한 곳에 서식하는 일년초로 '물봉선화鳳仙花' 또는 '물봉숭아'라고 합니다. 봉선화는 한자식 이름이고 봉숭아꽃 우리말이래요.

"울밑에선 봉선화야 네 모양이 처량하다." 〈봉선화〉라는 가곡으로 유명했던 그 봉선화와 가요의 봉선화 연정. 그러나 개그콘서트의 봉숭아학당으로 더 많이 알려져 있지요. 흔히들 말하길 '봉숭아 물들기 한다' 하지 '봉선화 물들인다'고 하지 않는 것으로 봐서 봉숭아꽃 이름이 친숙해서이지요.

노래를 잘하는 소녀가 있었대요. 노래 소리에 반한 별이 하늘에서 떨어졌고 그 죽은 별에서 나온 꽃이 이 친구라네요. 그 고운 노래 소리를 들으려고 나팔을 크게 벌리고 뒤에는 도르르 감나 봐요. 그래서 조금만 건드려도 팡 터질 것만 같은 모습이지요. 노래가 너무 좋아서인지 전설이 애절하면서 꽃과 맞네요.

　이 친구는 봉선화과이고 씨앗으로 번식이 잘되나 정원에는 습한 곳에 식재해야 특성을 잘 발휘하고, 화분용은 적합하지 않네요. 그리고 잎과 줄기는 해독작용이 있어 뱀에 물렸을 때 독을 제거하는 효과가 있고 뿌리에 멍든 피를 풀어주는 데 사용한다고 하네요.

며느리밥풀꽃

이 세상에 여자로 태어난 한 일까요.

우리나라에 며느리가 되는 죄인가요.

욕심 많은 시어머니를 만난 잘못인가요.

잘못된 만남으로 며느리의 고통과 恨!

죽음으로 피맺힌 한을 품고 피는 꽃!

고부갈등의 대명사요, 포악한 시어머니에 항거하는 '며느리밥풀꽃'이랍니다. 새색시 붉은 입술 사이로 살짝 보이는 흰 쌀알 두 개, 밥이 잘되었나 주걱으로 확인하다가 시어머니 앞에 밥을 먹는다고 맞아서 죽었다 하지요. 그래서 무덤에서 쌀밥처럼 생긴 꽃이 피었고, 이름을 며느리밥풀꽃이라 하였답니다.

고부갈등姑婦葛藤 아직도 많은가 봅니다. 지금은 시어머니가 시집살이한다고 하는데 아무래도 칡과 등나무 덩굴처럼 어울리기가 힘드나 봐요. 대한민국에서 며느리로 산다는 건 사실 어렵고 힘든 일이지요. 그래서 '시'자 들어가는 시금치 등이 싫다고 하죠.

현삼과에 속하는 일년초로 붉은 보랏빛 꽃이 피는데요, 어찌 보면 뱀이 입을 벌리고 있는 모습 같기도 하고요. 지금 벼가 익어가니 소중함을 일깨우기 위해 이런 전설을 만들었지 않았나 생각되네요.

화단, 정원, 화분용 모두 가능하고 일 년 만에 꽃이 피고 화색도 선명하게 관상가치가 큽니다. 특이하고 전설 등 스토리텔링으로 무궁무진한 소재이기도 합니다. 풀 전체를 산라화山蘿花라 하며 열을 내리고 피를 맑게 하며 해독 효능이 있다고 합니다.

꽃말이 '여인의 한', '원망', '질투'인데요, 시어머니의 질투로 며느

리가 억울하게 죽어 원망과 한이 되었는데 여자가 한恨을 품으면 오
뉴월에도 서리가 내린다고 했는데 거기에 원망까지 가득하였으니
어찌하리오. 그래서 질투가 무섭네요. 아들의 소중한 배필이고 온
갖 궂은일 하면서 시부모님을 공경하는데 왜 그렇게까지 했는지 되
묻게 되네요. 여자의 적은 여자라서인가. 아들이 영원히 자기 것이
라는 소유욕인가. 생각에 잠기어 봅니다.

가을빛의 미인
마타리

저기요~

황금빛 꽃송이가 무거워 보이네요.

길고 가녀린 줄기도 힘들어 보여요.

저기요~

황금 꽃 양산은 화려하게 멋지지만,

풀섶에 쓰러진 모습이 애처롭구려.

저기요~

산들산들 가을바람 꽃송이를 스치니

기형적 모습이 매력적이고 멋지네요.

'마타리'라는 친구입니다. 외국이름 같지만 순우리말이랍니다. 미역취, 가양취라고 하는 마타리과로서 꽃대가 길어서 '말다리'라고 하였는데 변하여 이렇게 되었다고 하네요. 제 생각엔 가을바람 느끼려고 '말타리'가 변하여 되지 않았나 생각하네요.

차창가에 스치는 꽃송이가 저렇게 멋진데 말을 타고 보면 더 멋지고 매력적이겠지요. 다른 문헌에는 설거지하고 더러워진 물을 마타리물이라고 하는데 이 친구 뿌리에서 된장 썩은 냄새가 난다 해서 붙여졌다고 하네요. 그러나 그 냄새까지 들추어 보기 싫었네요. 왜냐하면 황금색 꽃의 매력이 반감되고 그것이 특성이고 살아가는 방법일 수 있겠다는 생각에서요. 냄새가 고약하니 함부로 굴취하여 가지 않겠지요. 스컹크처럼 냄새가 난다 하니…

화분용은 부적합하고 화단, 정원에는 적합하나 키가 커서 잘 쓰러지니 어릴 적 적심과 색재 간격을 적당히 유지하면 풍성한 꽃을 가까이서 감상할 수 있네요. 꽃말이 '미인', '무한한 사랑'으로 멋지고 예쁘지요. 꽃이 미인처럼 예쁘다는 것은 아는 거고 사랑을 잴 수 없는 무한한 사랑이라…

사랑을 느끼고 미인을 제대로 보시려거든 천천히 걸어가시면서 음미하시구려. 스쳐가는 꽃송이를 만져보고, 가슴에 담아서 영원히 간직하세요. 황금빛 찬란한 미인이 무한한 사랑을 안겨줄 것입니다. 자동차를 버리고 두 발로 산야를 걸어보십시오. 후회하지 않을 것입니다.

한 올 한 올 영그는 사랑
칡꽃

싱그러운 보랏빛의 꽃!

달콤하고 상큼한 향!

풍성하고 포근한 잎!

고혹적인 향기에 이끌리어 찾아왔지만 어찌 벌나비는 이리도 없
는가요. 보랏빛 꽃과 풍성한 잎줄기가 왕성하나 다른 친구들을 감
고 뒤덮어 힘들게 하고요. '칡꽃'이랍니다. 지금 칡꽃 향기가 은은히
진동하지요. 아카시아향기 비슷하게 단맛이 있어서 냄새 맡기가 좋
지요. 갈화葛花라고 하여 차와 효소로 많이 이용하시고요. 간을 좋게
하고 혈액 순환에 좋다고 하네요.

덩굴성 식물로서 버릴 것이 없는데 먼저 칡뿌리의 추억들 있지요.

지금은 길거리에서 칡즙을 팔고 있지만 어릴 적에 겨울이면 칡뿌리 캐러 다녔죠. 쌀 칡, 보리 칡 씹을수록 달달하고 향기 가득한 맛이 있어 손에 쥐고 다니면서 마냥 좋았지요. 쌀 칡을 씹던 어린 시절 그립네요. 그리워.

칡뿌리가 술독을 없애주고 간을 보호한다고 동의보감에 나와 있대요. 피로 회복에도 좋고 무엇보다 몸속의 중금속 배출에 아주 좋다고 하네요. 간식거리와 구황식물인 이 친구 대단하지요. 큰 잎은 토끼가 좋아해서 오물오물 먹던 모습에 재미있어 열심히 뜯으러 다녔고 줄기는 끈으로 사용하고, 장난감도 되고 참 많은 추억의 친구랍니다.

중학교 때 지리산에 가서 칡덩굴은 "땅으로 기어가는 것을 이용하고 나무를 타고 가는 것은 힘이 없다."라고 가르쳐 주신 기억이 납니다. 칡덩굴로 억새풀을 베어서 묶고, 겨울에는 잡목에 낙엽들을 모아서 한 짐을 만들어 지게에 지고 오는 모습은 탁월한 생활의 지혜이고, 예술이라고 생각됩니다.

꽃말이 '사랑의 한숨'이라네요. 꽃도 멋지고 향기도 좋은데 이래서일까요? 이 친군 효능이 좋지만 몸이 찬 사람에게는 독이래요. 몸에 좋다고 많이 먹었으나 위가 상하고 양기도 떨어지니 그럴 수밖에요. 특성을 알아보고 내 몸에 맞게 드시라는 교훈을 일깨워 주는 건가요. 또한 생육이 왕성하여 다른 식물들의 생육을 방해하니 한숨이 나오네요. 이건 제 생각이니 참고하시게요.

부뚜막에 심은 정성
부추

비단처럼 부드러운 청초한 잎

사각사각 풋풋하게 씹히는 향

소담하게 별꽃처럼 피어난 꽃

　'부추' 모두 잘 아시지요? 소나무 잎을 닮았다고 '솔', 정력을 좋게 한다고 '정구지精久持', 양기를 돋운다고 '기양초起陽草', 남편에게 먹였더니 힘이 좋아져서 부인이 집을 부수고 싶었다고 '파옥초破屋草', 너무 힘이 세져서 담을 넘는다고 '월담초' 많은데요. 표준말은 부추로서 병약한 남편을 위해서 겨울에도 먹을 수 있도록 부뚜막에 심은 채소라고 '부추'래요. 새봄의 정기를 받고 올라온 잎을 고추장에 버무리면 톡 쏘며 아린 맛, 데치면 부드럽고 상큼한 맛, 그래서 이 친구는 오덕을 가졌다고 하네요.

제1덕은 날로 먹어도 되고,
제2덕은 익혀 먹어도 좋고,
제3덕은 절여서도 먹을 수 있고,
제4덕은 오래 먹을 수록 더욱 좋고,
제5덕은 매운맛이 변하지 않는 것이랍니다.

효능이 끝내 주지요. 오장의 기능을 진정시키고 살균력이 강하며 위를 보호하면서 간과 심장에 좋다고 하네요. 무엇보다 요즘 소금 때문에 난리들인데 나트륨 성분을 몸 밖으로 배출시킨다고 하니 너무 좋은 효능을 가졌네요. 백합과의 부추꽃은 흰색으로 작은 별꽃처럼 우산 모양으로 퍼져서 피고, 상큼하면서 풋풋한 향기가 있답니다. 산부추와 두메부추는 붉은색이고 두메부추는 잎이 넓은 것이 다르네요.

텃밭에 심어서 조금씩 베어서 그때그때 먹는 맛이 새롭고, 꽃이 필 때는 꽃도 보고요. 꽃말이 '무한한 슬픔'이라는데 웬일이래! 멋진 꽃과 좋은 효능에 좋은 맛을 가졌는데 딱 그거일까요? 스님들은 오 신채라고 이 친구를 못 먹게 하니 슬픈 일이고요. 오래 먹으면 정력 이 좋아져서 일은 안 하고 그것만 밝힌다고 게으름풀이라 또 그래 서 슬픈 일이네요. 그래서 무한한 슬픔이란 꽃말이 생겼나? 영원한 슬픔이 아닌 것이 다행이네요. 건강에 좋으니 많이 먹고 건강하시 어 밤낮으로 일은 열심히 합시다.

배초향

꿀을 찾는 호랑나비여
꽃향기에 이끌려 왔는가.
잎 향기에 반하여 왔는가.
배시시 웃는 모습 좋으니
초록 잎과 보랏빛 꽃에서
향기 가득 안고 가시구려.

성은 배이요 이름은 초향. 흔히들 '방아잎', '방아풀'이라고 하지요. 향이 짙어서 어떤 식물향기도 물리친대서 '배초향排草香'이랍니다. 이름이 참 예쁘지요.

"초향 아가씨, 오묘하고 짙은 그 향기는 무언가요?"

"잔잔한 가을빛에 사르르 젖어드는 그 향기를 무어라 말하리오."

꽃보다도 잎에서 나는 향기가 좋은 토종허브로 꿀풀과에 속하고요. 매운탕과 추어탕의 비린내를 잡아주고, 부침개의 고소한 맛을 더해주는 알싸하고 톡 쏘는 맛! 어머니의 맛이 더해지고 여기에 동동주 한잔 끝내주지요. 정원에 텃밭을 만드시고 한두 포기 심어서 잎은 방향제로 두시고, 꽃 필 때는 꽃을 감상하시면 무난합니다. 햇빛을 좋아하니 양지쪽에 심어야 되고요.

생약명으로 곽향藿香이라 하는데요, 콩잎을 닮았다고 콩잎 곽藿자를 쓰는데 소화, 구토, 복통 등에 효능이 있대요. 토사곽란에 먹는 곽향정기산을 이 친구로 만든다고 하니 대단한 약효이지요. 꽃말이 '향수'라고 하는데요, 향이 좋아 향수香水를 만든다는 의미인지 고향의 추억을 그리는 향수鄕愁인지는 정확히 모르겠네요. 어릴 적부터 보아온 정황으로 향수鄕愁로 하고 싶어집니다.

중년 이상은 고향이 거의 시골이라고 봅니다. 농사짓고 가난하게 살았던 고향의 아련한 향수! 모든 것이 변하고 잘살게 되었지만 잊을 수 없는 것은 어머님의 손맛인데요. 어머님의 땀 냄새와 정성이 배어있는 투박한 밥상에 애호박과 방아잎, 부추를 넣어서 부쳐주는 부침개의 맛이 그립습니다. 이 세상에서 가장 아름다운 냄새는 어머님의 냄새라고 하는 말이 새삼 새롭게 가슴속에 다가옵니다.

큰꿩의비름

까투리 까투리 까투리

까투리 사냥을 나간다(우히여)

전라도라 지리산으로 꿩 사냥을 나간다.

　귀에 익은 친숙한 까투리사냥 민요로서 수꿩은 '장끼', 암꿩은 '까투리'라고 하지요. 소개할 친구가 '큰꿩의비름'이라서 까투리사냥 민요로 시작합니다. 화려하고 부드러운 색채 풍성하고 볼륨 있는 자태 꼿꼿하고 기품 있는 모습, 돌나물과로 꿩의비름 등 비슷한 것이 8종이 있는데 쇠비름 같은 다육식물로 이 친구는 크다고 '큰꿩의비름'이네요.

　종자 크기가 새들의 모이 같다고 '꿩'자가 붙여졌나 봅니다. 새 이름이 들어간 꽃들은 잎이나 꽃 모습이 닮은 것도 있지만 까치수염, 제비꽃 등의 종자가 좁쌀같이 새가 먹기에 딱이네요. 비름이라는 이름의 연유와 유래는 명확한 답은 없지만 다육식물들이 건조에 강하여 비리비리해도 늠름하게 살기에 비름이 되지 않았을까 하는 생각을 해 봤는데 그게 맞는 것 같아요.

그도 그럴 것이 식물체들이 질소 성분이 많으면 잎이 검푸르고 잎줄기가 연약해지면서 초장이 엄청 커지는데 병충해에도 약해지고 바람이 불면 잘 쓰러집니다. 반면 질소 성분이 적으면 잎은 초록색이면서 초장은 적지만 병해충에 강건하고 충실하거든요. 생약명으로는 경천景天으로서 글자대로 하늘 볕 같은 꽃들이 피었네요. 해독, 지혈, 청열 등에 효능이 있다고 하네요.

꽃말이 '희망', '생명'이라고 하지요. 강건한 생명력과 화려하고 꿋꿋한 자태가 희망과 생명의 경외심을 주고요. 종자, 삽목 등으로 번식력도 좋아서 생명이라는 꽃말이 딱 좋은 말입니다. 분화용으로 적합하여 석부작, 분경, 패트병까지 다양하게 연출할 수 있고 물을 자주 주지 않아서 관리하기가 편하답니다. 또한 건조에 강해서 옥상녹화에 최고이고 담장에 배치해도 좋네요. 암석정원이나 공중걸기, 아파트 베란다 등 무난한 생명으로 희망을 줍니다.

고운 햇살 머무는 미소
등골나물

잔잔히 흔들리는 꽃송이에
수줍게 고운 햇살 미소 짓고
나직이 주저하며 머무네요.

　피어나기 시작하는 '등골나물'인데요, 국화과로 이런 이름의 유래
에는 먼저 채취하여 반쯤 말리면 등나무 꽃 같은 향기가 난다는 유
래설, 잎 가운데가 등골처럼 고랑이 있다고 하여 붙였다는 유래설,
줄기가 단단해 등골과 같다 해서 유래된 설 등 세 가지나 되지만 나
름대로 다 맞네요. 모두 힘들게 관찰하고 연구한 내용이니 존중해
주자고요. 이 세상에 틀린 것은 없더이다. 다만 다를 뿐, 서로 존중
하고 사랑하게요.

식물 전체를 말린 것을 난초蘭草라 하는데 항당뇨, 해열, 이뇨, 습을 변화시키는 효능이 있다고 하네요. 전초를 말려서 차로 만들어 마시면 당뇨병에 효과가 있다 하고, 꽃만 말린 것은 천금화千金花라 하는데 꽃차로 마시면 열량이 낮아 다이어트에 효과적이라네요. 열심히 먹어서 살찌고, 열심히 마셔서 살을 빼야 하는 살빼기 전쟁 중 같다는 생각이 듭니다.

꽃말이 '주저', '망설임'이라고 하네요. 당신, 무엇 때문에 주저하고 결심하지 못하나요? 그대, 무슨 이유로 망설임에 고뇌하는가요? 그래요. 등골 빠지게 일한 당신에게는 쉬시구려. 지게 등짐 지고 고된 농사일을 하시던 농부님 생각이 납니다. 거름, 비료, 쌀가마, 장작 등 모든 것을 지게로 운반하고 삽질, 제초 허리 한번 펴기도 힘든 농사일, 비가 많이 와도 안 와도 걱정이요. 무슨 병해충은 그리도 많이 오고 잘 찾아오는지… 풍년이 되어도 걱정인 세상이라 자꾸만 주저하고 망설여 지나봅니다.

농부의 입가에 웃음이 머물러야 하는데 요즘은 더욱 힘들어져 웃음은커녕 한숨과 걱정과 미래에 대한 불안이 자꾸만 커져 갑니다. 등골 빠지는 농사일은 기계가 대신하지만 농부들은 자꾸만 늙어가고 FTA 등 외국 농산물 수입은 늘어가는 현실을 어떻게 극복해야 될까요. 세상에는 순응해야 할 현실과 극복해야 할 현실이 있는데 극복해야 할 지혜와 용기를 주소서.

고마우이 고마워
고마리

고맙고 감사하다는 말을 오늘 하루에 얼마큼 했나요? 감사가 넘치는 삶이 행복한 삶이라고 하시요. 행복해서 감사한 것이 아니라 감사하기 때문에 행복하다는 말에 동의하나요? 행복의 비결은 내가 필요한 것을 얼마나 갖고 있는 것이 아니라, 불필요한 것에 내 생각이 얼마나 집착 없이 자유로워져 있는가에 달려있어요.

이신옥(카펠라) 님께서 이 친구를 잘 표현했는데요, 고마움을 표시하는 말로 이 친구 이름과 의미가 같아서 여뀌과의 '고마리'랍니다. 실개천에 자라면서 물을 깨끗하게 한다고 고마우리 고마우리 하다가 고마리로 작은 꽃들이 고만고만하다고 고마리, 꽃이 너무너무 많다고 이제 고만 피라 고만 피라 하다가 고마리 참 고마운 친구네요.

구름살 비집고 한줄기 햇살에 따라

소연한 바람결 나직이 불어오니

옹알옹알 꽃 소리 합창하누나.

스르렁스르렁 흐르는 개울물빛

구름 걷고 얼굴 내민 햇살이

꽃잎에 투영되어 불그레하는구려.

    개울, 냇가 등지에 무리지어 지금 꿀벌들의 향연이 벌어지고 작은
꽃의 축제네요. 어릴 적에 '물꼬마리'라고 했는데 아련한 추억의 친
구이죠. 긴 뿌리가 나와 있고 서로 엉겨있어 뚝딱 잘라서 개울에 돌

둑을 쌓은 사이에 놓으면 천연 즉석풀장 완성!

금방 물이 차면 멱 감고 시원하고 좋지요. 돌둑 밑에 물이 적어지면 가재, 붕어도 잡고 다슬기도 줍고 시간 가는 줄 모르고 깨복쟁이 친구랑 신나게 놀았지요. 물가에 자라기에 잎이 연해서 깔(꼴)로 베어가니 아버님께서 혼내시데요. 물이 많아 소가 설사하고 퇴비를 해도 녹아버려 좋지 않다고 다음부터는 베어오지 마라고요. 이래저래 추억이 많은 친구네요.

꽃말이 '꿀의 원천'이래요. 작은 꽃들이 수없이 많으니 꿀의 원천이라 하겠고 개울가마다 피었으니 꿀벌들 겨울 준비에 바쁘고 신났네요.

수리취

수리수리 마하수리 수수리 사바하! 마술 주문 같지요. 애들 만화 영화에도 나온 말이고 갑자기 여기에 나오니 이상하신가요?

"좋은 일이 있겠구나. 좋은 일이 있겠구나. 대단히 좋은 일이 있 겠구나. 기쁘도다."라는 뜻이랍니다. 천수경 맨 앞부분에 나오는 진 언인데 산스크리트어라고 하네요. '수리취'를 이야기하려 하니 수리 라는 말이 귀에 익어서 초대했습니다.

'수리'는 크다는 우리말로 수리취는 취나물 중 제일 큰 취를 말합 니다. 단오를 수릿날이라 하고, 풍년을 기원하면서 수레바퀴 모양 의 절편을 만들어 먹은 나물이죠. 떡을 해먹는다고 '떡취'라고도 하 고 잎 뒷면이 희다고 '흰취'라고도 한답니다.

저게 꽃인지 열매인지 엉겅퀴인지 아리송하네요. 가시 같은 끝에 붉은 부분이 꽃이 피려고 하네요. 꽃이 활짝 핀 모습을 담지 못하여 이렇게도 설명이 많아지네요. 그래도 '수리취꽃' 귀엽고 예쁘지요.

뿌리와 줄기를 산우방山牛蒡이라 하는데 즉, 산에서 나는 우엉이라는 것으로서 섬유질이 많고 지질이 많아 다이어트에도 좋으며 우엉보다 효능이 좋대요. 열을 식히고, 해독, 염증제거, 심장을 튼튼히 하는 등 좋은 나물이랍니다.

꽃말이 '장승'이래요. 산에서 처음 보는 순간 '아, 그래! 딱 장승 모습이로세' 하는 느낌을 받았답니다. 장승꽃인 수리취 친구가 근엄하고 부드럽게 나그네 옷깃을 잡네요. 도토리 줍기에 바쁜 다람쥐도 부르고 따스함을 잃어가던 해님도 초대했네요.

"그래, 왜 붙잡는 거니?"
"가을이 익어가는 냄새와 아름다움을 이야기하려고요."

바쁘다는 핑계로 이야기할 시간을 잃어버리며 살고 계신 것은 아 닌가요? 소중한 가족과 친구와 눈을 보면서 이야기합시다. "좋은 일이 있겠구나. 아! 기쁘도다."

단아한 어머니의 자태
구절초

소슬한 바람결을 따라서
단아한 모습으로 피어나
순정한 아름디움이네요.
고결한 맑은 향기 그윽이
고혹적 고운 향기 가득히
싱그러운 갈바람과 같이 오시는구려.

청초하고 소박한 꽃!
가냘프게 보이는 꽃!
서리에도 강인한 꽃!
맑은 향기 가득한 꽃!

"네, 들국화이지요."

"땡! 아닙니다. 들국화란 없습니다. 그저 문학적인 추상적 꽃 이름이랍니다. 구절초, 감국, 쑥부쟁이, 벌개미취 등을 시나 소설에서 들국화로 불렀던 것이죠."

구절초란 이름은 세 가지 설이 있는데, 먼저 음력 구월 구일 꽃과 줄기를 잘라 부인병 치료와 예방을 한다는 구절초九折草, 단오에 줄기가 다섯 마디, 음력 구월 구일에는 아홉 마디가 된대서 구절초九節草, 줄기에 아홉 마디 모서리가 있어 구절초九節草. 이제 아시겠지요? 들국화가 아니고 이름이 있다는 것을…

국화과로 산구절초, 낙동구절초, 포천구절초 등 자생지별로 15종 정도가 특성을 뽐내며 피어나죠. 흰색이 일반 구절초이고, 낙동구절초는 연한분홍빛이지요. 또한 선모초仙母草라고 하여 민간약으로 사용했는데 이름만 봐도 '어머니 꽃'인 줄 아시겠지요. 그 향기가 그렇고 그 강인함도 그렇고 그 인자한 모습도 그렇지요.

　더불어 자궁이 약하여 오는 병에 좋고, 해열, 감기, 고혈압 등에
효능이 있답니다. 번식은 꽃이 진 후 씨앗을 받아 봄에 뿌려도 되
고, 다년생이니 흡지나 분주해도 되고, 5월에 삽목 등 다양한 방법
으로 된답니다.

　꽃말은 '밝음', '고상함'인데 앞에 이야기와 사진이 대변하고 있네
요. 구절초의 밝은 모습한 고상함으로 언제나 어머님의 자애로움과
사랑이 가득하여 모두가 행복했으면 좋겠습니다. 이 세상의 모든
것은 변합니다. 변하는 것이 정상입니다. 그러나 변하지 않는 것,
그것은 어머님의 사랑이요, 희생이요, 정성입니다.

은빛 군무의 향연
억새

구름처럼 하얗게 솜털처럼 포근히

그리움을 안고서 아련히 피어난 은빛 억새.

소슬한 실바람에 파르르 몸살 앓듯

서로를 붙잡고서 흔들거리는 가련한 꽃.

수줍은 가을빛에 얼굴을 간질이며

사랑을 속삭이는 황홀한 은빛 군무의 향연.

석양을 머금어서 황금빛 억새 되어

화려해 눈이 부신 찬란한 금빛 억새의 천지.

은빛과 금빛에 만남에 감미로운 바람이 찾아오고

억새꽃은 모두 일어나 가을의 만세를 부른다.

억새는 벼과의 다년초인데 억세다는 의미의 '억'과 풀이라는 의미의 '새'로서 억센 풀이죠. 아주 굉장히 무진장 돈 많은 새라고 할 수도 있고 억을 세고 있는 부자도 되고 억수로 좋은 '억새꽃'입니다.

이 친구에 손을 댔다가 손을 베인 추억들 있으시죠? 얼마나 억세고 날카롭던지 우리는 '쐐때기'라고 했지요. 쇠 같다는 사투리였나 봅니다. 왜 억셀까요? 벼도 그렇고 옥수수도 그런 편인데요, 벼과 식물들은 규소라는 성분을 흡수해서 그런답니다. 이 성분은 모래 속에 있고, 유리를 만드는 원료이니 이해가 되시나요? 식물체가 강건해 병충과 초식동물로부터 자기방어를 하려는 전략인 거죠.

11월 초순경 꽃송이를 따서 보관하다가 봄에 플러그판에 파종하시면 발아가 잘되죠. 두 달 후, 한 뼘 정도 간격으로 심으면 억새밭이 금방 되는데요, 농부는 싫어하지요. 꽃술이 날아와 밭에 잡초가 되니까요.

'친절', '세력', '활력'이라는 꽃말이랍니다. 고개 숙이며 방긋방긋 웃으니 친절하고 왕성한 생명력으로 세력을 넓혀가고 억센 활력이 넘치지요. 요즘은 억이 돈도 아니라고 한다네요.

"1억 원이 만 원짜리 몇 장일까요?"
"모르겠지요? '파란만장'입니다."

파란색 만 원짜리 1만 개가 1억 원인데 우리 모두 파란만장 삶을 사셨지요. 그래서 억세게 살아 갑시다요.

귀족의 검투사
지리바꽃

위엄 있고 당당한 자태!

노려보는 강렬한 눈빛!

두런두런 다정한 모습!

귀족색의 보랏빛 꽃!

무서운 독초로 알려진 투구꽃 일종으로 한국특산식물인 '지리바꽃'이랍니다. '바꽃'은 그늘돌쩌귀를 말하는 우리말이고, '지리'는 지리산 일원에 많이 서식하여 붙여진 이름이래요. 그리고 돌쩌귀란 한옥문을 지지해주는 경첩인데 뿌리가 돌쩌귀를 닮아서 붙여진 것이래요. 와우! 대단하고 예리한 관찰력이라고 봅니다.

꽃의 형태가 투구를 닮았다고 붙여진 이름은 우리 투구보다도 서양 투구에 가깝네요. 세뿔투구꽃, 지리바꽃, 진범, 돌쩌귀 등이 있

는데 조선명탐정에 나온 '각시투구꽃' 이렇게 30여 종이 나름대로
특성을 가지고 살고 있지요.

이 모두를 초오草烏라 하는데요. 꽃의 모양이 까마귀 머리와 비슷
하다고 뿌리를 초오라 하고, 여기서 나오는 새끼를 부자附子라 하지
요. 즉, 초오 아들이 부자라고 보시면 됩니다. 많이들 보셨지요. 사
극에서 왕의 명으로 사약을 마시는 것을. 서편제 영화에서 송화의
눈을 멀게 한 독초로 부자를 사용하였지요. 무서운 독초지만 조금
씩 잘 쓰면 힘도 좋아지고 중풍, 신경통, 류마티스 등에 좋다네요.
부자를 잘 쓰는 한의사가 명의라고 한답니다.

꽃말이 '나를 건드리지 마세요', '밤의 열림'이네요. 그래요. 무서
운 독이 있으니 "건드리지 마라, 나를 건드리면 재미없다, 착하게
살고 싶다." 이런 것인가 싶네요. 그러면 밤의 열림은? 무서운 독을
잘 사용하여 병을 고치고, 힘도 좋아져 밤의 열림을 고대한다는 뜻

인가요? 꽃 색채가 밝아서일까요? 꽃 형태 때문일까요? 아무리 연관 짓고 찾아봐도 명쾌한 해답이 없는데… 글쎄, 아마도 첫 번째의 힘이 좋아져 밤이 좋고 기다려지나 봅니다. 이렇게 한번 웃자고요! 웃으면 복이 온다고 하니까요.

금으로도 못 사는 향
금목서

은은하고 달콤한 향

매력적인 그윽한 향

앙증스런 자그만 꽃

금을 주고 너를 사랴

은을 주고 너를 사랴

보이지 않으면서 마음을 사로잡은

그윽한 향을 어찌 금은으로 살 수 있으리오.

진한 향기의 주인공 황금빛 꽃 '금목서', 은빛 꽃 '은목서'이네요.

목서木犀는 나무의 수피가 무소의 피부와 뿔이 닮았다고 붙여진 이름으로서 꽃이 금빛이니 '금목서', 은빛이니 '은목서'라 한답니다. 무소는 코뿔소의 순우리말인데 흔히들 무쏘라고 읽지요. "무소의 뿔처럼 혼자서 가라." 많이 들어 보았고, 인용도 많이 하시지요. '게으름 없이 열심히 묵묵히 부단히 홀로 정진하라'라는 뜻이랍니다.

금목서는 만리향萬里香이라고도 하는데요, 향이 만 리까지 가는 대단한 향기를 가졌네요. 은은하면서 달콤하며 그윽한 고혹적인 향香! 한 그루만 있어도 마당에 향기로 가득 차고 담장을 넘어 골목까지 채우고도 남지요. 5mm 정도의 작은 꽃에서 화수분처럼 나오는 그 향기가 신기하기 그지없습니다.

꽃은 십자 모양으로 종알종알 모여서 피고 총총히 나무 아래 지는 모습도 예쁘고요. 서향, 치자와 더불어 3대 방향수로 향수 샤넬 No.5 원료로 사용되었지요. 은목서는 금목서보다 향기가 덜한데 그래서인가 천리향千里香이라도 하네요. 금목서와 은목서를 나란히 심어야 서로 조화되어 정원이 어울리더라고요. 둘 다 상록이라 겨울에도 잎이 싱싱하게 있으니 더욱 좋고요.

　금목서 꽃말은 '첫사랑', '당신의 마음을 끌다'이고 은목서는 '당신은 고결합니다'입니다. 맑고 은은한 향기로 마음을 끌고 첫사랑처럼 달콤하고요. 금빛 찬란한 꽃, 우아한 흰빛 꽃이 고결한데요. 강렬하고 매혹적인 향기는 금으로도 못 사는 향기올시다. 그 향기는 가을빛과 어우러져 해님과 노닐고 있소이다.

애수의 만추여정
용담꽃

처연한 가을비에 청보랏빛

꽃송이 하나둘씩 피어나고

하늘빛 닮아가던 꽃무리가

찬바람 가득 안고 있는구려

아침 공기가 갑자기 차가우니 하늘빛 닮아가던 '용담꽃'도 웅크린 모습이고 몸도 마음도 웅크려지네요. 용담꽃은 뿌리가 쓴맛이 강해서 '용의 쓸개'라는 용담龍膽으로서 특히 수염뿌리의 쓴맛, 인상이 찌푸려지네요. 그 맛을 아니까.

생약명으로는 초룡담草龍膽이라 하여 고미건위제苦味健胃劑로 사용한답니다. 삼정톤 같은 건강드링크 성분표를 보시면 초룡담이 있지요. 그 쓴맛이 이것이랍니다. 입에 쓴맛이 몸에 좋다고 하니 참아야지요.

청보랏빛 꽃이 좋아서 88년 절화시범재배를 시작했지요. 절화란 꽃꽂이 소재용 꺾은 꽃으로 꽃시장에 내어 놓았더니 야생화라고 선풍적인 인기를 끌어 사업이 성공했지요. 10a(300평)에서 4백만 원으로 벼농사 10배의 소득을 올렸지요. 올림픽이 끝나고 결함이 부각되고 꽃 시장도 위축되었어요. 결함이란 어두운 실내에서는 꽃잎이 닫히는 것인데, 실내를 환하게 해야 하는 곳에서 절화로서는 실패였지요. 뿌리를 약용으로 팔아서 손해는 가지 않는 것이 그나마 다행이었고요. 실패를 교훈 삼아 분화로, 향수로, 압화로 연구개발을 확대해나갔던 것이랍니다.

그리고 일본에서는 용담꽃을 절화로서 많이 재배하고 있데요. 린도라고 하고 꽃잎이 닫히는 결함도 개량하였고 색채도 다양하기에 원예용으로 널리 알려져 있답니다. 용담 전설이 약효와 연계되네요. 옛날 나무꾼이 눈 속에서 풀뿌리를 캐고 있는 토끼를 보고 그 뿌리를 캐어와 어머님께 달여 드렸더니 위장병이 싹 나았는데 산신령이 내려준 약초인 거죠. 그리고요, 꽃잎이 닫히는 현상은 요즘같이 갑자기 비가 오고 날씨가 추워지면 야생벌들은 이 꽃 속으로 들어가 추위와 비바람을 피하니 좋은 것이데요. 서로서로 공생하는 것, 자연의 섭리와 이치는 대단합니다.

꽃말이 '애수', '슬픈 그대가 좋아요'라고 하는데, 애수에 가득 찬 자태와 색채 때문일까요? 그래도 슬픈 그대가 좋다는 의리도 있고요.

건강과 다이어트 대명사
쑥부쟁이

쑥, 쑥덕쑥덕 정겨움과

부, 부드러운 모습으로

쟁, 쟁반 같은 꽃송이들

이, 이리저리 흔들리네.

'쑥부쟁이'의 꽃피는 풍광입니다. 국화과이니 꽃이 국화랑 비슷하지요. 쑥부쟁이는 논두렁, 밭두렁 산 어디든 많고 갯, 가는, 개, 눈개쑥부쟁이 등이 있고요. 연한 자줏빛깔 꽃들이 쟁쟁거리는 쟁반처럼 피어나 깊어가는 가을을 찬미하네요.

이 친구는 꽃도 좋지만 나물로 끝내주죠. 추위를 이기고 새봄 일찍 올라온 자줏빛 새순을 데쳐서 들기름 넣고 쌀밥에 비벼먹는 맛

아시나요? 쑥갓 같은 독특한 향! 나뭇잎 같은 은은한 우디woody향! 사각사각 씹히는 식감! 상큼하고 부드러운 담백한 맛! 입맛이 확 살아나고, 연구해보니 가을에 먹는 나물 맛도 좋데요.

항산화, 항염증, 암세포 증식억제, 미백과 주름 개선효과까지 있대요. 새로운 힐링식품으로 연구가 진행되고 구례군에서 대표나물로 선정해 추진하고 있지요. 정월대보름부터 일 년 내내 신선한 나물을 먹어서 모두가 건강하셨으면 좋겠네요.

이명엽 선생님과 김은하 선생님이 협의하여 신세대용 영국식빵인 머핀을 만들었는데, 부드럽고 고소한 맛이 우리밀과 어우러져 아주 맛있어 인기짱이랍니다. 구례군 대표상품으로 부각되고 있는 것은 이명엽선생님의 각고의 노력과 집념의 결과로서 세계농업기술상을 수상했네요. 비만 억제인자가 있어 살이 빠지는 효능도 있다고 하니 인기 만점이지요. 그리고 떡도 우디향이 있어 맛이 끝내준답니다.

그리고 전남보건환경연구원 연구에 의하면 구례 지역에는 타 지역보다 게르마늄이 5배가 많고 그중 쑥부쟁이에서 제일 함량이 높다고 하니 건강과 다이어트 효과를 체험해 보시지요.

쑥부쟁이 전설이 애잔하고 감동적인데요, 쑥을 좋아하는 불쟁이(대장간)의 딸은 배고픈 동생들을 위하여 쑥을 캐러 다녔지요. 산에서 구해준 노루가 세 개의 소원 주머니를 주어 병든 어머니의 완쾌와 좋아했던 남자를 옆에 오게 하였으나 가정이 있기에 다시 보냈다네요. 세 가지 소원을 다 써버린 딸은 낙심하여 무덤에서 배고픈 동생들을 위해서 봄 일찍이 먹기 좋은 나물로 나왔대요.

슬픔과 감동이 교차하지요. 그래서인가요? 꽃말이 '그리움', '기다림'으로 전설을 보시면 이해가 될 겁니다. 오래 기다리셨네요. 현대인의 건강을 찾아주러 여러분을 찾아갑니다. 다이어트 대명사로 여러분을 만나러 갑니다. 그 중심에는 쑥부쟁이로 만든 머핀, 쿠키가 있지요. 이제 기다림은 행복과 기쁨으로 승화할 것입니다.

개여뀌

애꺄꺄

뭣이링가!

잡초를 꽃이라고 하네요.

이거 개울가에 천지인디

네, 그럴만 하지라.

잡초를 꽃이라고 하시니 놀라셨죠? 저 역시도 꽃이라고 이야기하니 놀라고 있답니다. 김춘수 시인의 꽃이라는 시에서 이름을 불러 주어야 내게 다가와 꽃이 된다고 하였지요. 지금 논두렁과 개울가 등에 붉은빛의 꽃들이 피었으나 잡초라 여기시고 이름도 모르시죠.

마디풀과에 속하는 일년초인 '개여뀌'입니다. 비슷한 여뀌, 물여

꿰, 털여뀌 등 있지요. '개'자가 붙은 것은 잎줄기에서 매운맛이 나서 그랬나 싶네요. 그래요. 깨복쟁이 친구들과 돌둑을 쌓고 고마리로 마감한 후 이 친구를 돌멩이로 짓이겨서 물에 풀면 붕어, 피라미 등이 둥둥 떠올라 마냥 신나서 잡고 놀았던 추억 그 시절이 그립네요.

신비한 이 풀을 '여꼬대'라고 했는데 문헌에는 어독초魚毒草라고 물고기를 독으로 마취시키는 풀이었네요. 그리고 지혈, 자궁출혈, 치질출혈, 혈압강하 등의 효능이 있다니 대단하지요.

밉게 보면 잡초 아닌 풀이 없고
곱게 보면 꽃 아닌 사람이 없으되
내가 잡초 되기 싫으니
그대를 꽃으로 볼 일이로다.

이채 시인의 〈마음이 아름다우니 세상이 아름다워라〉의 첫 구절처럼 이 친구를 잡초라 생각지 마시고 이름을 불러 주시어요. 그래서인가 꽃말도 '생각해주렴'이라고 됐나 봅니다. 꽃으로 생각하고, 예뻐해주면 가을 오솔길의 멋진 꽃이 됩니다. 생각하는 방법을 생각한 적이 없으니 어떻게 생각할지 아득하지만 남의 생각대로 살지 마시고 내 생각으로 살고 그냥 사랑하셔요. 꽃을…

벌개미취

거치른 벌판으로 달려가자

젊음의 태양을 마시자

보석보다 찬란한 무지개가 살고 있는

저 언덕 너머 내일의 희망이 우리를 부른다

김수철 가수의 '젊은 그대'라는 노래인데요, 여기서 '벌판'이라는 단어로 이야기 시작합니다. 친숙한 이 친구는 '벌개미취'이네요. 벌판의 '벌'과 개미처럼 '작은취', 잎에 개미 같은 작은 털이 있다고 즉, 벌판에 사는 작은 별꽃이라 할 수 있지요. 우리나라 특산종으로 고려쑥부쟁이, 벌개미취 영어로 코리안 데일리Korean Daily라 합니다.

"벌판 황금벌판을 보니 풍년이로세." 허허벌판에 홀로서 벌바람과 노닐다 만주벌판을 호령하는 고구려의 기상 아시겠지요? 아주

넓은 지역, 평야를 벌판이라 합니다. 벌판에 지천으로 피어있는 풍광을 보여줘야 하는데 그런 사진이 없네요.

이 친구 대단한 생명력을 가졌지요. 잔디보다 왕성하게 옆으로 뻗고, 씨앗으로도 번식이 잘되고 여름부터 가을까지 꽃이 피지요. 건조에도 강하고 거의 병충도 없지요. 잎이 두꺼운 편이라 벌레가 와도 조금 먹다가 말더라고요. 벌레도 힘든가 봐요. 그래서 가로화단에 적합하고, 화단이나 정원에 집단으로 식재하면 멋들어진 모습이 연출된답니다.

"사랑의 온도는 100℃로 잘못하면 데이기 쉽지만 덕의 온도는 36.5℃로 차갑거나 뜨겁지 않아 누구든지 안을 수 있고 누구든지 줄 수 있다."라는 말이 불현듯 스쳐갑니다. 덕으로서 너를 잊지 않도록 덕을 쌓아 가시게요. 봄에 어린순은 취나물처럼 맛있는 나물이고 꽃꽂이 소재로도 사용하지요.

꽃말은 '청초', '너를 잊지 않으리'로 일편단심이네요. 잊지 않는다는 것. 대단한 정성과 각별한 정情이 없이는 어려운 일인데 그것을 일깨워 주네요. 그래, 너만은 잊지 않으리라. 그래, 너는 나의 은인이로다. 잊지 않으리라. 이렇게 이야기하는 사람이 모두에게 있지요.

털털한 아저씨 사랑

∽ 털머위 ∾

틸. 털털한 아저씨 같은 꽃

머. 머뭇거리는 가을빛을

위. 위무하듯 찬란히 빛나네.

그래요. 털털하게 생긴 '털머위꽃'이랍니다. 국화과로 연한 잎을
나물로 먹는 머위와 다른데 이 친구는 잎이 두껍고 뒤에 털이 많아
서 이런 이름이 붙었으며 잎이 상록성이라 겨울에도 푸른 잎을 볼
수 있어서 좋지요. 제주도, 울릉도, 남해안 해안가에 많이 서식하는
데 중부지방에는 겨울나기가 어렵네요.

노란 황금빛 꽃과 싱그러운 잎이 조화되어 있고 시큼하면서 달콤한 향기가 은은하여 정원이나 화분에 심어 실내에 두기가 좋지요. 나물로도 먹으나 잎이 두꺼워 머위 같은 맛이 나질 않아서 아쉬운데 그러나 항암, 기관지염 등에 효능이 좋다고 하네요. 이 친구와 비슷한 서양머위를 스위스 자연요법 의사인 알프레드 포겔박사는 "무독성으로 강력한 항암작용 및 통증을 완화 시켜준다."라고 하였지요. 우리 머위, 털머위와 학명이 다르지만 효능은 비슷할 것이라고 합니다.

번식은 쉽네요. 11월에 꽃이 지면 씨앗이 맺히는데 꼬투리째 따서 그늘에서 말린 후 봉투에 넣어 보관했다가 봄에 파종하면 거의 발아됩니다. 코스모스 파종하듯 하시면 됩니다. 참 쉽지요? 상록성 잎 때문에 분화용으로 최고입니다. 시중에는 노란무늬, 흰무늬 등 무늬가 들어있는 종도 많이 거래되는데 꽃도 모도 잎도 감상할 수 있어 실내, 베란다에 딱 좋답니다. 암석정원에 낙엽수 하층 식재나 도심 길거리에도 심으면 사철 멋진 자태를 보여주고요.

　꽃말이 멋진데요, '다시 찾는 사랑'이랍니다. 만추로 가는 여정에 따라 잃어버린 사랑을 찾아보시지요. 황금빛 꽃송이가 가을빛에 빛나고 털털한 아저씨처럼 자상한 이미지에 부담이 없게 다가오네요. 잃어버린 사랑을 다시 찾았기에 기쁘고 행복하시지요. 다시 찾는 사랑처럼 마음의 여유와 낭만을 가지고 서로서로 행복한 동행을 하시게요.

오복 향기를 담아서
차꽃

몽한 빛깔 안개비에

오색 단풍 너울너울

수채화를 그려내니

허전해진 빈 가슴에

갈색 추억 만드누나

    차茶꽃이 피었습니다. 가을 햇살에 눈부신 차꽃의 속살과 밤에 투영된 맨얼굴의 소담하고 담담한 자태! 나직이 고개 숙인 꽃에서 나오는 그윽한 맑은 香! 만추에 여정에 안개비에 몽알몽알 꽃향을 품고서 응축된 진주구슬들… 꽃잎이 다섯 장이라 오복五福이 가득하고, 황금빛 꽃술은 부귀와 평화로움이로세! 오색단풍 산속에 고즈

넉한 암자 주위의 차밭은 싱그러운 잎과 하얀 꽃과 노란 꽃술 안개
비에 어우러진 은은한 향기가 나그네의 발길을 자꾸만 잡네요.

친구야~

차꽃이 피었네.

싱그러운 푸른 잎 사이로 수줍은 듯

순백의 하얀 꽃을 가슴에 담아 가소.

친구여~

겸손하게 고개 숙인 꽃에서

은은하고 맑은 향이 가득하니

마음 깊이 향기를 담아 가게나.

친구요~

현란한 오색단풍에 취하지만 말고

안개비에 응축된 구슬을 모아 모아서

사랑 목걸이 만들어 걸고 가시게나.

차꽃이 만발하여 지고 있네요. 차밭은 싱그러운 잎과 하얀 꽃과
노란 꽃술 그리고 단풍과 쪽빛 하늘이 오색물결이네요. 차꽃은 지
고 나서 열매가 서서히 영글어 다음해 꽃이 필 때 결실이 되지요.
그래서 꽃과 열매를 동시에 본다고 효자꽃, 실화상봉수實花相逢樹라
고 한다지요. 꽃말은 '추억'이랍니다. 추억은 누구에게나 있고, 소중
하면서 그리운 것이지요. 과거로 갈 수 없기에 더 소중하고 안타까
운 것이 아닐는지…

감미로운 가을풍류

감국

깊어가는 풍류의 가을

가을을 알리는 대표적인 야생화

편안한 색채와 기품 있는 자태

그리고 감미롭고 그윽한 향기

흔히들 들국화라고 부르는 '산국과 감국'입니다. 황국黃菊이라고도 하네요. 일단 산국은 가지 끝에 우산살처럼 퍼져있고, 꽃잎이 꽃판보다 짧으며 1.5cm 정도로 적지요. 감국은 가지 끝에 2~3송이씩 피고, 꽃잎이 길며 꽃이 산국보다 큰 2.5cm 정도랍니다. 산국 향은 진하고, 감국 향은 그윽한 단맛이 나서 달다는 감甘국이랍니다. 줄기와 잎 등도 다른데 꽃을 보시고 작으면서 양지쪽에 있으면 산국,

약간 크고 반그늘에 있으면 감국으로 보시면 될 것 같아요.

산국은 감국에 비하여 맛이 쓰고 매운맛이 난다고 하며 감국 꽃송이를 따서 그늘에서 말린 후 결명자와 베개를 만들어 베시면 그윽한 향기가 방안에 퍼지면서 잠도 잘 오는 건강베개, 불면증 해소에 최고입니다.

또한 감국 꽃을 따서 차를 만들어 깊어가는 가을과 낭만의 겨울에 한잔하시게요. 황금빛으로 우러나올 색채에 달콤한 향기가 일품이죠. 찻잔에 노란 꽃잎이 떠 있으면 운치도 있고 생각도 정리되어 머리가 맑아지네요. 비타민C도 풍부하고, 혈기 회복과 노화 방지 등등 효능도 뛰어나다고 합니다. 또 하나 술을 담가도 향기와 황금빛을 느낄 수 있지요.

분화용, 정원, 화단 모두 적합하네요. 햇빛을 좋아하니 양지쪽에 심어야 하고 지난해 묵은 뿌리에서 나온 새순을 5월 하순경 삽목하여 20여 일 후 뿌리가 내리면 화분이나 포트에 심어서 1차 적심하고 정식하여 관리합니다. 7~8월 한두 번 적심하면 적당한 크기의 꽃송이를 풍성하게 감상할 수 있답니다.

산국의 꽃말은 '순수한 사랑'이고, 감국은 '가을의 향기'이랍니다. 산에서 꾸밈없이 순수한 모습으로 자랐기에 순수한 사랑이고, 달콤한 향기에 가을을 가득 안게 하는 야생화이네요.

진하고 강렬한 추향
꽃향유

당신에게서 꽃내음이 나네요

잠자는 나를 깨우고 가네요

　장미 노래를 불러보면서 이 친구가 생각나는 연유는 무엇일까요? 만추의 여정에 지쳐서 잠든 나를 깨우는 향기가 있어 조용히 향기를 따라가 보았네요. 우아한 분홍 벚꽃과 깻잎 같은 잎, 그리고 강렬하고 진한 향기가 반갑게 맞아주었답니다. 그래요. 가을 향기를 가득 안은 강한 이미지의 '꽃향유'인데 꿀풀과로 잎, 줄기, 꽃 전체가 향기 덩어리올시다. 꽃의 생김새가 특이하여 앞면에 꽃잎과 꽃술이 화려하고 우아한 분홍꽃이지만 뒷면은 완전 절벽이랍니다.

"에구, 왜 이런데요. 실망이네요."

"앞만 예쁘면 되었지 뒤태까지 예뻐야 하나 욕심이 많네요."

"앞뒤가 예쁘면 더 좋지 않나요?"

이해가 되는데요. 가을이 되면 햇빛이 짧아지고 남쪽으로 치우쳐 있으니 아쉬운 가을빛을 앞쪽으로만 받으려 앞쪽에만 꽃잎을 집중했다고 생각됩니다. 살기 위해 선택과 집중을 한 것이라고 보이는데요, 향기는 강한 들깻잎 냄새에 방아잎이 섞인 냄새인데 향수 원료로 사용되며 들깨 같은 종자에서도 향기와 기름 성분이 많답니다. 향기가 너무 강렬하여 역겨워하시는 분도 있는데요. 생약명이 향여薷 茹라고 하는데 전체가 따뜻한 성질로서 감기, 오한, 발열, 두통에 효험이 있고 차로 만들어 드시면 향기를 제대로 느낄 수 있답니다.

일년초라 씨앗이 많이 생겨서 봄에 파종하면 가을에 꽃을 볼 수 있는데 그냥 두면 키가 크므로 순자르기로 적당히 조절하고요. 화단, 정원, 화분 모두 적합하고 꽃에 꿀이 많아서 아주 좋은 꿀을 얻을 수 있네요. 유휴지나 절개지, 노는 땅이 있으면 재배하여 향유꿀을 생산하면 좋겠네요.

꽃말이 '가을향기'인데요. 만추의 허허한 산야에 진한 향기와 꿀벌의 겨울 양식을 위하여 있는 꿀, 없는 꿀 모두 다 주고, 말라진 줄기까지 향기가 남아있더이다. 그 무엇이라도 남겨주고 가는 추향秋香 아가씨이구려.

오리가족의 향연
흰진범

옹기종기 오리 친구들, 가을호수를 유영하네요.

조잘조잘 오리 무리들, 가을호수로 날아가네요.

뒤뚱뒤뚱 오리 가족들, 가을마음에 안겨오네요.

　오리를 닮은 꽃 '흰진범'이라고 하지요. '진범'은 보라색인데 이 친구는 꽃 색이 하얀색이라서 흰진범이라고 한다네요. 미나리아재비과로 우리나라 특산식물이고 투구꽃과 비슷한 독초랍니다. 원래 이름은 '진교'였는데 꽃이 봉황을 닮았다고 '진봉'이라 했다가 한자 표기를 잘못하여 '진범'이 되었다는 건데요.

"그래, 내 이름을 누가 바꾸었소?"

"친구 아무리 찾아봐도 모르겠네."

"잘못 표기한 진짜 범인은 누구인지 진범을 잡아주시오."

"친구, 이제는 늦은 것 같구먼. 국가표준식물목록에 진범으로 등재되어 있고 정확한 진위가 없으니 어쩔 수 없네. 진정하시고 진범으로 살아가시게나."

　진교에서 진범으로 바꾸어서 이 친구의 사연을 알아주시고 예뻐해 주셔요. 조잘거리는 앙증스런 자태와 황백의 색채가 '미운 오리새끼' 같기도 하네요. '오리 날다' 멋지게 날아 보게요. 가을바람 따라 가을하늘 아래 지리산에 오리가족의 향연이 열리고 있지요. 순백의 꽃무리가 나무 그늘 아래서 옹기종기 나래를 펼치고 있답니다. 꽃말이 '용사의 모자'라고 하네요. 연약한 오리만 연상하시다가 용감무쌍한 용사의 모자라고 하니 놀라셨나요. 이진영 님의 한 컷

세상의 이야기를 들어보시면 이해가 되실 거예요.

　동물나라에서 왕을 추대키로 했대요. 육지의 왕인 사자와 바다의 왕인 상어와 하늘의 왕인 독수리가 자신의 능력을 모두 합친 강한 동물을 진정한 동물의 왕으로 뽑아야 한다고 했는데 사자는 하늘을 날 수가 없고 독수리는 헤엄칠 수가 없으니 난감했지요. 고민하다가 이 모든 것을 두루 갖춘 동물을 찾았는데요, 바로 '오리'였대요. 왕으로 추대해 '오리왕'이 되었답니다. 이해가 되나요? 오리는 팔방미인인데요. 오리왕이 왕으로서 잘했을까요? 신하 동물들이 드세서 힘들었대요. 자녀들을 약한 팔방미인을 만들지 마시고 장점을 키워 강한 자를 만들라는 교훈 같지요.

고결한 가을신사
～ 물매화 ～

하나의 줄기에 가을빛이 정겹네요.
하나의 잎새에 가을빛이 다정하네요.
하나의 꽃송이 가을빛이 그리운가요.

　가을빛을 가득 안은 고결한 꽃, 가을빛의 기품 있고 순결한 꽃, 가을빛에 여유로운 단아한 꽃, 하얀 꽃잎을 구름 속에 펼치고 선녀의 자태를 살포시 보여주는 '물매화'가 피었습니다. 지리산 노고단에 신비로운 모습을 보여주려 가을빛 타고 왔다고 하네요.

　'물매화'라는 이름은 꽃이 '매화'를 닮았고, '물'이 많은 습지나 물가에 서식한다 하여서 붙여진 이름이래요. 매화초梅花草라고도 하고 물매화풀이라고 부르는데 물매화라는 이름이 다정하고 정겹더이다.

그리고 꽃술이 물방울을 닮아서 물매화라고 하는데 다섯 장의 꽃잎에 수술이 있는데 5개는 진짜이고, 5개는 가짜인 헛수술이래요. 헛수술은 다시 20개 내외로 갈라져서 끝에 미색을 띤 녹색의 작은 구슬 물방울 같아요. 짝퉁이 진품보다 멋지고 좋으니…

그래요. 이게 다 곤충들을 유인해 꽃가루받이를 하려는 전략으로 꽃들도 이렇게 머리를 쓰는데 만물의 영장인 사람이 미련하게 살면 안 되겠다는 생각이 들게 합니다.

종소명 파루스트리스Palustris는 '늪지대를 좋아하는' 뜻이라고 하며 물기가 많은 곳에서 서식하며, 전설도 보면 물과 연관되는데요, 아득한 옛날 옥황상제 정원을 지키는 선녀가 있었어요. 하루는 황소가 갑자기 들어와 정원을 마구 망치는데 막지를 못해서 쫓겨났대요. 세상에나 선녀도 여자인데 어떻게 힘센 황소를 막겠어요.

옥황상제도 너그럽지 못하고 쪼잔한데요, 쫓겨난 선녀는 억울하고 슬퍼서 하늘나라를 떠돌다가 호수에 떨어져서 물매화로 변했다고 합니다. 선녀가 꽃으로 변하였기에 고결한 자태와 단아한 모습을 간직하고 피어났는데요, 하늘나라가 그리운가 하늘을 보면서 피어납니다. 옥황상제를 향한 한마음으로 직무에 충실했음을 증명하려는 듯이 하나의 줄기에 하나의 잎만 달고서 한 송이 순백의 꽃을 피우지요. 그래서일까요?

꽃말이 '고결', '결백', '정조'라고 한답니다. 매화는 겨울의 끝에서 봄을 갈구하며 나무에 화사하게 피어 마음을 설레게 하고 물매화는 여름의 끝에서 가을을 갈망하며 연약한 풀에서 청초하게 피어 마음을 위무하네요.

그렁그렁한 가을 서정
수크령

가을! 가을엔 무엇을 하시렵니까? 가을엔 무엇을 남기렵니까? 이 좋은 가을에는 가을의 서정이 담긴 손 편지를 쓰고 싶네요. 하얀 종이에 마음을 담아 가을을 한 자, 한 자 그리고 향기도 담아서 보내고 싶습니다.

가을의 서정을 닮아 간직하고 꽃보다도 가을을 대변하고 있는 친구를 만났기에 가을이 아름답고 가을이 정겹습니다.

> 그렁그렁 가을하늘 머금고
> 그렁그렁 가을빛에 영글어
> 그렁그렁 가을들녘 빛나는

'수크령'이라고 합니다. 크령보다는 이삭이 커서 이삭수穗를 써서 수크령이라고 했는데요,

"발음이 수컷과 비슷하여 영 거시기 허요잉."
"크, 품위 있는 이름이 없겠소?"

갑론을박하다가 수크령이라고 했다네요. 또한 낭미초狼尾草라고 이삭 부분이 이리의 꼬리를 닮았다고 하는데요, 이리는 늑대의 한 종류로서 회색 늑대라고 하는 무서운 맹수이지요. 그러나 무서운 이리를 사랑가로 바꾸면 "이리 오너라 업고 놀자 사랑 사랑 내 사랑이야 얼쑤 좋다!"

초등학교에 다닐 때 이 친구로 장난을 많이 치고 다녔지요. 60년대에는 농로가 포장이 안 되어 길가에 이 친구가 많았기에 묶어 놓

고 가면 모르는 애들이 발에 걸려 넘어지고… 웃으며 도망가고 그러한 동심의 시절이 그립네요.

'결초보은結草報恩'의 고사를 잠깐 짚고 갈게요. 중국 진나라 때 위고가 두회에게 쫓기는데 두회의 말이 갑자기 넘어져서 목숨을 구하죠. 이는 아버지 애첩이 있는데 처음에는 개가 시키라 했다가 운명 전 순장시키라 했다네요. 그러나 위고는 정신이 좋을 때 유언을 따라서 애첩을 살려주었고 애첩의 아버지가 은혜를 갚기 위해 풀을 묶어서 놓았기 때문이래요.

생육이 좋아서 요즘은 지피식물地被植物로 공원 등지에 많이 심어 자주 보이데요. 논두렁에도 많아 벼 이삭과 멋진 조화도 되고 그렇지요. 같은 화본과로서 잘 어울리고 '가을의 향연'이라는 꽃말이 딱 아주 적절한 표현이네요. 황금빛으로 채색되어가는 들녘, 벼禾가 햇볕日에 익어가는 것이 향香이랍니다. 먹지도 않고 보기만 해도 배가 부르던 황금 들녘에 구수한 향기 너울니울 감기이 오고 있네요.

뚱딴지꽃

가을빛에 빛나는 황금색 꽃.

하늘빛에 드리운 찬란한 꽃.

"꽃잎마다 가을을 가득담은 당신은 하늘바라기인가요?"

"아니네요."

"그럼 애기해바라기이신가?"

"아니고요. 이름이 예쁘지 않아서"

"그래요, 모두들 '뚱딴지'라고 부르네요."

"뚱딴지 같은 소리네. 저렇게 멋지고 예쁜 꽃을 엉뚱한 이름을 그럼 '뚱딴지 꽃'이라고 하면 되겠네요."

귀화식물로 국화과인데 꽃이 하늘바라기꽃 등과 비슷하게 생겼고요, 꽃과 잎이 감자 같지 않은데 감자를 닮은 뿌리가 달려서 뚱딴지같다고 '뚱딴지'라는 이름을 붙였다 하니 이해가 되시나요? 덩이뿌리는 못생기고 돼지가 먹는 감자라 하여 '돼지감자'라고 하였다네요.

못나고 요상하네요. 울퉁불퉁 요리저리 좌충우돌 제멋대로 생겼구려. 그래요. 못생겨서 죄송합니다. 그렇다고 미워하지 마셔요. 못생겨도 맛도 좋고 효능도 끝내준다는 사실 모두들 아시나요? 다이어트와 당뇨에 좋다고 하여 아시는 분은 아시고, 그 외 변비, 췌장기능 개선, 관절 강화, 유해세균 감소 등. 그래, 못생겨도 괜찮아! 못생겨도 기죽지마! 못생겨도 파이팅!

하나 짚고 갈게요. 문헌 자료나 카스, 페북 등에 어떤 분은 뚱딴지로 어떤 분은 돼지감자로 소개하고, 같이 소개하는 등 여러 갈래인데요, '국가표준식물목록'에 따르면 '뚱딴지'가 정명이고, '돼지감자',

'뚝감자'가 이명이랍니다. 그래서 '뚱딴지돼지감자'라고 표기하는 것이 정답입니다. 이름을 정확히 불러 주시자고요.

아름다운 꽃과 못생긴 덩이뿌리를 가진 엉뚱하고 가치 있는 친구 '뚱딴지' 꽃말이 '미덕'과 '음덕'이래요. '아름답고 갸륵한 덕행의 미덕 美德' 꽃이 예쁘고 아름다운 자체로 덕행이고요. '남에게 알려지지 않게 행하는 덕행의 음덕陰德' 못생긴 덩이뿌리가 효능이 좋아 질병을 고치고, 굶주린 배도 채워주니 보이지 않는 덕행이네요. 맞네요. 미덕과 음덕으로 반겨주는 친구네요

키다리 아가씨의 순정
금꿩의다리

"당신은 누구십니까?"

"나는야 예쁜 롱다리."

"당신은 누구십니까?"

"나는요 키다리 아가씨."

"알겠고 이름은 무엇인가요?"

"네, 아뢰옵니다. 성은 '금'이옵고 이름은 '꿩의다리'라 하옵니다."

"그래? 금꿩의다리 아가씨였네 그려."

그래요. 예쁜 롱다리를 가진 아가씨의 사연을 알아보게요. 본향은 습기가 많은 산지이고 가문은 미나리아재비과이네요. 사촌은 '꿩의 다리', '은꿩의다리', '참꿩의다리' 등 14여 종이 옹기종기 살고 있답니다.

　금꿩의다리라는 이름은 수술이 금빛이라서 붙여졌고, 늦여름에서 초가을에 꽃이 피어납니다. 꿩의다리는 봄에 피는 것이 다른 점. 그리고 수술 뒤에 있는 네 개의 꽃잎은 꽃잎이 아니고 꽃받침이라는 사실도 알고 계시고요.

　이것저것 보고도 싶고, 궁금한 게 많은지 가녀린 다리를 쭉 뻗었는뎁쇼. 찬란한 해님께 치렁치렁한 머릿결 자랑하고, 숲 속의 싱그러운 바람결에 온몸을 맡겨 춤추고, 이따금 찾아오는 꿀벌과 나비와 놀고 싶어지고 뒤늦게 찾아오는 잠자리와 짧은 만남도 아쉽고 무엇보다 같이 피어난 주위의 야생화들이랑 조잘조잘 수런수런 소곤소곤 이야기꽃을 피우고 싶은가 봅니다.

효능도 좋대요. 혈압강화 작용이 있어 고혈압에 좋고 진통, 소염, 체온 강화 등에 사용한다고 하네요. 참 잎줄기를 자세히 보세요. 잎줄기를 건조시키면 삼지구엽초와 비슷하여 삼지구엽초라고 속였던 사람들이 있었어요. 그래서 아는 만큼 보인다는 사실을 공부해서 속지 마셔야지요.

꽃말이 '키다리 인형'이래요. 키다리 아가씨가 인형이라네요. 꽃이 피어 황금 꽃술이 치렁치렁하니 키다리인형 같기도 하네요. 키다리 아가씨의 순정을 느껴 보실래요.

풍요 속의 마피아

마름

가을! 가을을 어떻게 말하리.

가을을 어떻게 느끼리.

가을을 어떻게 부르리.

가을은 색色, 향香, 미味 이렇게 표현하고 싶네요.

먼저 색色, '빛'을 말하는데 오색단풍이 생각나고 눈부시게 빛나는
쪽빛 하늘과 황금 들녘에 달콤한 주황빛 단감 등 가을빛입니다.

향香은 '벼禾가 햇빛日에 익어가는 냄새'를 말하죠. 가을빛에 익어
가는 벼이삭의 구수한 냄새, 여기에 구절초, 감국, 층꽃 등에서 발
산되는 향기로 덮었더이다.

미味는 '맛'인데 달콤한 단감과 곶감 맛, 햅쌀밥에 미꾸라지로 끓인 추어탕의 맛. 생무채의 시원하고 달콤한 맛. 이 모두 고향의 어머니 냄새이고, 맛이지요. 그래서 가을은 식욕의 계절이라 했나요.

풍작이 축복이 아니라 걱정인 현실에 답답하고 그래서 생각나는 게 마름이네요. '마름'은 지주를 대리하여 소작인을 관리하던 사람인데 그 위세와 황포가 대단했대요. 요즘 마피아, 관피아, 철피아 특혜가 사회문제로 부각되고 있지요. '마피아Mafia'는 아름다움, 자랑을 뜻하는 시칠리아 말인데요. 19세기 시칠리아에서 대농장을 관리하던 '가벨로티'들의 횡포가 심했대요. 즉, 마름인 거죠. 이들이 소작농을 위협하고 보복을 막으려고 만든 사병 조직이 마피아의 기원이라네요. 이런 저런 이름과 비슷한 '마름'을 소개하려고 사설을 늘어놓았네요.

마름은 연못, 하천변에 자라는데 잎자루에 공기가 있어 물 위에 떠 있고, 뿌리를 흙에 박아서 물에 떠내려가지 않지요. 하얀 작은 꽃을 피워 앙증스럽고 잎이 마름모꼴이라 '마름'이라 했다네요. 하천편 부들과 어우러진 모습은 더 평화롭고 편안한 마음을 주지만 이름이 그러네요. 이 친구는 능화菱花, 꽃잎이 네 개라 사엽화로 바로 '마름꽃문'에 많이 사용한답니다. 옛날 어머님이 사용하셨던 농, 은장도와 베개, 자기 등등에 새겼는데요, 이 꽃을 불교에서는 '시작도 끝도 없는 영원함과 윤회의 상징'이라고 합니다. 대단한 의미를 가졌네요. 가을빛을 따라 구수한 냄새와 달콤한 맛을 보았고, 마름꽃의 의미를 새겨 보았습니다.

이 풍성한 가을이 진정 축복이 되고, 모두가 기쁨을 나누었으면 좋으련만 그렇지 못한 현실이 안타깝습니다.

숭고한 사랑으로 승화
솔체꽃

지금도 기억하고 있어요

시월의 마지막 밤을

뜻 모를 이야기만 남긴 채

우리는 헤어졌지요

　이용의 〈잊혀진 계절〉이 노래 때문인가요? 오색 단풍의 아린 사연들, 낙엽과 함께 이별의 고통들, 사랑의 배신과 가슴 저린 아픔들, 저마다의 수많은 사연과 추억이 있지요. 그래서 시월의 마지막 밤이 아려오고 성취되지 못한 사랑에 가슴 아파 오고 가슴 타버린 사랑, 이별의 고통을 가진 사랑, 성취된 사랑보다 못 이룬 사랑이 더 기억되고 가슴속에 간직되나 봅니다.

시월의 마지막 밤. 이 밤의 사연과 이미지가 맞는 야생화 '솔체꽃'인데요, 신비스런 보랏빛이 애수에 젖어 하늘 보며 송알송알 피어나네요. 누군가 그리운 듯 누군가 기다리는 자태가 슬프게 하네요. 산토끼과로 두해살이풀인데 꽃말이 오늘 밤 이미지와 맞아서 소개하네요. 꽃말은 '이루어질 수 없는 사랑'인데 슬프고 아프네요. 그래서 애처롭고 사랑스러운가요?

슬픈 전설을 짚고 갈게요. 약초 캐는 소년이 깊은 산속에서 길을 잃고 쓰러졌지요. 소녀가 구해주었는데 글쎄 둘이서 혼인했으면 좋겠는데요, 마을로 내려간 소년은 이런저런 사연으로 다른 아가씨와 혼인을 하고 상심한 소녀가 운명 후 피어난 것이 이 꽃이래요. 꽃 전설은 다 슬프게 끝나는데 그래서 이런 꽃말이 되었대요.

솔체꽃이라는 이름은 꽃이 피기 전 꽃봉오리가 체처럼 생겼다 해서 그렇게 되었대요. '수술 모양이 솔잎과 같아서 솔잎이 닮은 체꽃' 이렇게 되겠네요. 그런데 '체'가 뭐냐고요? 신세대는 모르지, 몰라. 밀가루나 쌀가루를 곱게 치던 그물망을 체라고 하는데 지금도 사용하는 분들이 있답니다. 솔체꽃으로 아픔과 슬픔을 쳐서 곱고 고운 사랑떡을 만들게요. 이별의 고통도 가슴 아픈 추억도 모두 모두 체로 걸러내게요. 그래서 숭고한 사랑으로 승화하고 멋지고 고귀한 사랑으로 만들어가게요.

영광스런 승리의 찬가

개모밀

"송알송알 꽃송이의 당신은 고마리이신가?"

"아니라우!"

"반짝반짝 별사탕 같은 당신은 메밀꽃이신가?"

"아닌데요!"

"살금살금 나아가는 당신 이름은 무엇이오?"

"죄송합니다. 예쁘지 않아서… 제 이름은 '개모밀덩굴'이라고 하옵니다."

"그러기는 하오만, 괜찮소. 나름대로 사연과 연유가 있어서 그럴 것이오."

개모밀덩굴은 마디풀과이며 귀화식물로 제주도와 남부 해안가에서 살고 있는데요, 꽃이 메밀(메밀)꽃과 닮았다고 갯모밀덩굴이라고 부르다가 개모밀덩굴이 되었대요. 그냥 '갯모밀'이라 부르기도 하고, 적지리赤地利라 합니다. 꽃이 앙증스럽게 고마리꽃과 비슷하고, 시월까지 피는데 올해 날씨가 따뜻하니 지금까지도 멋진 꽃을 피우고 있어서 더 예쁘구만요.

꽃 다 보셨으면 잎을 보셔요. 특이하죠? 승리의 'V'자를 당당하게 만들었고, 하사 계급장 같기도 하며, 어딘가를 가르치는 화살표 같기도 하죠. 살금살금, 야금야금 낮은 포복으로 적진으로 다가가서 승리와 같은 모습이네요.

"멋진 하사가 제시된 목표에 용감하게 돌진하여 대승리를 거두니 별꽃이 찬란하게 피어났습니다."

이게 이 친구의 함축된 표현입니다. 그리고 그럴 것이 꽃말이 없다고 하더이다. 왜 없는지 모르겠으나 없으면 만들게요. 용감한 군인은 길이 없으면 만들어 가듯이 우리 만들어 봅시다. 제 생각엔 '찬란한 승리'라고 붙이고 싶네요. 꽃의 자태나 잎의 V 무늬 모양과 생육특성 등등 제일 적합하다고 봅니다.

농사는 대풍인데 가격은 흉년이고 돈은 넘치지만 내 쓸 돈은 없고 회사는 많은데 내 일자리는 없고 집들은 많은데 내 살 집은 없고 좋은 말씀 넘치나 따뜻한 말씀은 없고 등등 어렵고 힘들지만 꿋꿋이 싸워서 찬란한 승리를 쟁취합시다.

정영엉겅퀴

어찌하랴

어찌하오리

한 해 두 해 나이를 먹어가니

검은머리가 하얀빛으로 퇴색되어 가는구려.

정녕, 나도 늙었단 말이구나!

"아니요, 공포의 외인구단의 주인공 설까치 같은데요."

"오잉, 그렇게 보이는가?"

"네. 멋져요!"

그래요. 어떻게 보느냐에 따라서 다르게 보이는데 반백의 머리처럼, 설까치의 머리처럼 구름을 벗 삼아 피어난 '정영엉겅퀴'입니다.

엉겅퀴의 한 종류로 국화과이며 지리산 정영치에서 처음 발견되어 붙여진 이름이라네요.

"정녕, 자네도 엉겅퀴이신가?" 해서 붙여진 이름이라고도 하던데 글쎄, 신빙성이 없어 처음 것이 맞다고 봅니다. 한국 특산식물이고, 멸종위기 2급 식물로서 엉겅퀴는 붉은색에 수술이 곧게 서 있어 위엄 있는 자태이고요 정영엉겅퀴는 수술이 다소곳이 안으로 모아지는 고결한 자태입니다.

엉겅퀴란 피를 엉기게 하는 효능이 있다는 것과 열매가 하얀 머리털이 엉기는 모습에서 생겨난 순우리말이래요. 간기능 개선, 혈액순환, 피부질환, 지혈작용 등에 효능이 있다고 하고요, 외국 제약회사에서는 실리마린 성분을 추출하여 만성간염, 간경화에 간장신약을 개발하였는데 정작 우리는 효소 등 초보 수준이네요.

꽃말이 '고결한 사랑'이래요. 높은 산에서 구름과 벗 삼아 살아서 인가 색채에서 자태에서 고결함이 있네요. 그래서 이룬 사랑이 고결해 보이네요.

"정녕, 당신과 사랑은 고결하였소이다."
"정녕, 당신은 고결한 멋진 분이십니다."

우리 모두 정녕 알아주는 꽃으로 기억되기를… 정유선 님의 표현을 빌리면 인자한 산할아버지 같대요. 근접 사진도 그분 사진이고요. "가는 꽃잎 한 장마다 빗방울을 달고 같은 방향으로 돌고 있다."라는 말이 아주 적절합니다. 지리산을 지키는 인자한 할아버지 꽃으로 강추합니다.

가을빛을 낚은 당신
뻐국나리

짙푸른 잎에 가녀린 꽃대 달고

하늘하늘거리고 용솟음치며

가을빛을 낚으려는 모습이런가

가을 마음을 안으려는 자태인가

가을 하늘로 훨훨 날아가려는가

　이슬비 창가에 서성이고 청아한 새소리 들려오니 마음이 편안해지고 있는 상쾌한 아침입니다. 오늘 초대한 손님은 아주 귀한 분이라 조심스럽고 설렙니다. 멸종 위기의 한국 특산 식물이며 남부 지방에서만 살고 있고 이제 가을 끝자락에 피고 있지요. 이름도 참 예쁘고 자태도 아주 곱지요.

　그래요. '뻐꾹나리'입니다. 백합과로 7~8월에 피는데 지난주 산행 시 어렵게 친견할 수 있는 영광을 얻었지요. 뻐꾹나리란 이름은 뻐꾸기가 우는 시절에 꽃이 핀다는 설과 꽃이 6갈래로 갈라진 꽃잎에 자주색 반점이 그게 뻐꾸기의 목과 가슴 사이에 무늬와 닮아 붙여졌다는 설이 있는데, 모두 맞다고 볼 수 있겠네요.

뻐꾹뻐꾹 뻐꾸기의 노래가 은은하게 들리니 정겹고 다정하게 들려오는 것 같고, 숲의 상쾌하고 풋풋한 향기가 다가와 일상에 지친 스트레스를 해소하네요. 꽃이 갈라져 피는 모습이 '꼴뚜기' 같다고 표현하신 분이 계시던데, 낚시 같다는 분도 계시고, 왕관 같다는 분도 계시고, 모두 멋진 표현이시고 맞는 말씀이시네요. 그런데 한국 특산종이 이 친구 학명 명명자는 일본인 나까이라는 사실 아시고요.

꽃말이 '영원히 당신 것'이래요. 그래요, 영원히 당신 것이라는데 좋은가요? 그 순간 찰나의 꽃은 일찍 시들고 연약하여 영원불멸과 거리가 멀지만 가슴속에 피어난 꽃은 영원하답니다. 귀한 한국 특산 야생화 뻐꾹나리, 가슴속에 피게 하여 영원히 당신 것 하십시오. 그리고 사진 일부는 통영 카펠라 친구님이 보내주셨습니다. "가리왕산에 군락지가 있다.", "군부대가 있어 못 들어간다." 등 댓글도 주신 분이 많기에 꽃 이야기가 다양해지고 행복한 동행이 되었습니다.

그리움에 끝자락
갯국

가슴 아린 만추!
수많은 사연과 이야기들에
수많은 추억을 안았더이다.

사그라진 낙엽 속에 만추의 여정이 멈추고
천지는 눈꽃세상으로 변했더이다.

가을을 찬란한 황금빛 꽃송이를
뽐내는 것은 그리움 때문인가?
아련한 추억에 대한 미련인가?

동글동글, 송글송글, 옹기종기

　고운 맵시에 감미로운 교태의 향기를 안겨주는 '갯국화'올시다. '갯국'이라고도 하고요. 바닷가에서 자생한다고 붙여진 이름인데, 국화 중에 제일 늦게 피기에 애틋하지요. 구절초, 감국, 산국, 옥국... 거의 다 지고 사그라져 가는데 아직도 아름다운 자태에 흐트러짐이 없고요. 더욱이 잎 가장자리에 하얀 복윤의 맵시가 고혹적인 매력이라고 하겠지요.

　분화용으로 적합하여 꽃이 피면 베란다 등 실내에 두고 꽃과 잎을 감상하며 화단이나 정원에도 무난합니다. 번식이나 가꾸는 방법은 국화와 별반 다르지 않고요. "얼굴이 먼저 떠오르면 보고 싶은 사람이고 이름이 먼저 생각나면 잊을 수 없는 사람이다."라는 말처럼 보고 싶은 사람, 그리운 사람, 잊을 수 없는 사람이 생각납니다.

"얼마나 보고 싶었는데 이리도 늦게 피어나는가."
"얼마나 애간장을 태우고 이제야 피었냐 말이요."
"당신 얼굴이 먼저 떠오르니 보고 싶은 꽃이고, 그리운 사람인가 보외다."

그래서인가, 꽃말이 '원망'이래요. 그리움과 기다림에 지쳐서 원망이 되었나. 고운 꽃을 움츠리게 한 찬바람이 원망스러운가. 만추에 끝자락에 피어나니 그러나 봅니다.

제 5 부

낭만의 겨울 야생화

백량금

강추위와 서리 속에서도 푸르름을 간직하고

잎 사이사이에 송알송알 빨간 열매 안고서

찬바람에 흔들려도 찬란한 선홍빛 간직하네요.

한겨울 새해를 밝혀주는 정겨운 친구 '백량금'과 '자금우'랍니다. 먼저 백량금百兩金은 만량금이라고도 하는데 정확한 이름은 '백량금' 이랍니다. 자금우과로 상록성으로서 키가 1m 정도로 성장하고 잎 이 두껍고 길며 원줄기 하나에서 열매가 풍성하게 열립니다. 양兩이 란 원래 수레 1대를 뜻하므로 백량은 아주 값진 물건을 말하는데 그 만큼 존귀한 친구인가 봅니다.

자금우紫金牛는 천량금이라고도 하는데 역시 자금우가 정확한 이 름이고요. 키가 15~20cm 정도로 적고 지하경 끝이 자라서 총총히 군락을 이루며 열매가 백량금에 비해서 덜 풍성하지요. 자금우紫金牛 '붉은쇠 소', '붉은 황금소'라는 뜻인데 뿌리 말린 것을 자금우라고 하는데 생약명이 그대로 이름이 된 것 같네요. 해독, 이뇨, 거담, 고혈압 등에 좋은 효능이 있다고 합니다.

정리하면 이 두 친구는 열매가 붉은빛으로 겨울에 빛나는 점이 같으나 백량금은 키가 크면서 나무의 모습을 가졌고, 자금우는 키가 작아서 풀꽃이 가깝다는 인상을 주는 점이 다릅니다. 백량금 꽃말은 '덕 있는 사람', '부', '사랑'이고 자금우 꽃말은 '정열', '내일의 행복'이래요. 그래서 좋네요. 정열의 붉은빛의 힘찬 황금소의 기운을 받으니 열심히 뛰어 볼까요? 덕을 베풀어서 멋있는 사람이 되시고, 더불어 돈도 많이 버시면서 고귀하고 정열적인 사랑까지 이 세 가지를 성취하시면 내일의 행복은 자연스럽게 오겠지요.

그리고 사랑의 온도는 100℃로 데이기 쉽지만 덕의 온도는 36.5℃

로 서로 안았을 때 포근하고 따뜻해서 행복하지요. 사랑은 상처받기 쉽지만 덕은 나눌수록 행복해진다고 하더이다. 분화용에 적합하여 시중에도 많이 유통되고 있는데요, 모두 종자로 번식이 잘되어 대량 생산되고 있답니다. 큰 화분보다 적은 화분에 심어서 책상, 식탁, 조그만 공간에 둥지에 놓아두기 좋고요. 그늘에도 견디는 성질이 커서 실내에 무난하거든요. 그리고 5월에 보는 하얀 꽃은 착한 여러분께 드리는 귀한 선물이라고 할까요.

위풍당당 초록봉황

봉의꼬리

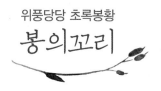

세밑을 향하는 긴 그림자

햇빛은 따스힘을 잃고

빈 들녘은 찬 기운만 가득하네요.

왜 그리도 바쁘고 힘들었을까요?

무엇 때문에 그리도 정신없었던가요?

먹고살기가 이리도 어려웠던가요?

시대조류에 편승하여 남들보다 앞서가고 한 푼이라도 더 벌려고 발버둥치는 나 자신이 아니었나 하는 생각이 드네요. 이런저런 생각을 지우고 거닐어 보니 이 추위에도 꿋꿋한 친구가 눈에 들어옵니다.

고결하고 싱그러운 잎이

찬바람에 나풀거리며

당당하고 위풍스러운

초록빛이 찬란하도다.

'봉의 꼬리'인데요. 돌 틈에서 자라는 고사리과의 상록양치식물로
서 '갈라진 잎의 모양이 봉황의 꼬리깃을 닮았다'고 붙여진 이름이
래요. 봉미초鳳尾草라고도 하고 일 년 내내 싱싱하고 푸른 잎을 자랑
하는 위풍스럽고 신비로운 친구입지요.

꽃이 없기에 번식은 포자로 하는데 잎의 밑 부분 테두리를 중심으
로 포자가 생성되고, 포자가 생기면 잎의 테두리 부분이 또르르 말
리지요. 성분과 효능이 무지 좋대요. 항암, 항염증, 항균, 위장염,
편도염, 양혈 등등 다 열거를 못하겠네요.

꽃말이 없답니다. 어쩌지요? 없으니 포기할까요? 섭섭하니 제 생

각으로 '위풍당당'으로 정하고 싶네요. 고결하고 싱그러우며 위풍스러운 자태와 찬 서리에도 파릇한 모습이 한겨울에 빛이 납니다.

강렬한 이미지의 향기는 없지만 강인한 잎들이 모진 찬바람과 눈보라 속에서도 끄떡없습니다. 논두렁, 바위틈에서 힘들게 살아가지만 삶을 포기하거나 절망하지 않았습니다. 제 위풍당당한 자태처럼 힘들어도, 괴로워도, 참고 살아가시게요. "이 모든 것은 지나가리라."라는 말처럼 힘든 일들이 스쳐가고 극복될 것입니다.

그리고 보니 '화초'와 '화훼'를 설명드려야겠네요. 화초花草 꽃이 피는 풀과 나무의 총칭으로서 꽃이 피지 않더라도 관상용 식물을 포함시키죠. 화훼花卉란, 화花는 '꽃' 화에 훼卉는 '풀' 훼로 十자가 세 개 겹쳐진 글자로 크고 작은 풀을 모아 놓은 것을 뜻하지요. 즉, 꽃뿐만 아니라 줄기, 잎, 잔가지까지도 관상가치로 포함시키고 색채, 형상, 향기까지 폭넓게 아우르는 뜻을 가지고 있답니다. 그래서 '화훼학花卉學'이라 하지요.

일엽편주의 추억 정리

일엽초

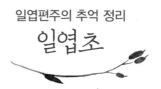

하나의 마음에
하나의 진실과
하나의 사랑을
하나의 당신을

  이러한 마음을 알아주는 친구 하나의 잎으로 더불어 살아가고 기후변화에 순응하여 변하며 언제나 푸른 기상을 가진 고란초과의 '일엽초'입니다. 상록성 양치류로서 숲 속의 바위나 고목의 나무껍질에 붙어서 건조하거나 겨울에는 잎이 오므라들지만 비가 와 습기가 있으면 활짝 파란색으로 웃지요.

잎이 하나씩 하나씩 돋는다고 일엽초一葉草라고 하며 잎 모양은 매끈한 배처럼 생겼지요. 그리고 잎 뒷면에 포자낭균이 붙어 있는데 귀엽고 앙증스럽네요. 배 모양의 하나의 잎을 보노라니 불현듯 생각나는 것 있지요? 일엽편주一葉片舟!

한 조각의 작은 배에 몸을 싣고 망망대해를 건너려고 출발했네요. 외로움, 힘듦, 괴로움, 아픔, 슬픔, 허탈함 등등 많겠지요. 가다가 순풍을 만나서 따스한 햇빛의 응원과 달콤한 향기의 격려도 받으면서 나아가게요.

우리의 삶이 우리의 인생이 우리의 세상 이야기가 하나로 귀결되고 하나의 진실과 하나의 정의로 하나의 의견으로 정립되었으면 얼마나 좋을까요. 칠성초七星草, 골비초骨脾草라고도 하는데 이뇨, 지혈, 신장결석, 신경통 등에 좋고 페놀 성분이 있어서 항암효과가 탁월하대요.

꽃말은 '즐거운 추억'이래요. 추억으로 가는 당신의 이야기가 하나로 되어서 모두에게 인정받고 사랑받았으면 좋겠습니다. 우리 모두에게 추억이 있고 그 추억이 즐거운 추억이 되었으면 좋겠네요. 괴롭고 힘들 때 즐겁고 행복한 추억을 생각하며 잊었으면 좋겠습니다.

그리고 연말에는 추억을 꺼내 좋았던 일, 기뻤던 일, 슬펐던 일, 화냈던 일, 가슴 아픈 사연과 고뇌와 잠 못 이루는 번민과 원망, 요리저리 분리수거 하듯이 정리하여 보셔요. 남은 것이 뭐가 있나요? 상처받은 마음과 지친 몸만 남았으나 가족이 있기에 행복했고 정리를 하였으니 홀가분하게 털고 하나의 마음으로 하나의 생각만 하시게요. 나와 사랑하는 가족을…

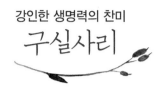

강인한 생명력의 찬미
구실사리

사람구실, 사리판단, 사리분간.

　잘하시면서 살아가라 일깨워 주며 힘들고, 괴롭고, 어려워도 참고
살아가라 하네요. 억척스럽게 살아가는 '구실사리'로 부처손과의 상
록성 여러해살이네요. 산지 바위에 웅크려 붙어서 사는데 반그늘에
방석처럼 퍼져서 바위를 포근히 감싸는 모습이지요. 자세히 보면
줄기는 갈라지고, 철사처럼 단단하며 구슬을 꿰놓은 모습이네요.
그래서 '구슬사리'라고도 합지요.

　"어쩜, 바위에 붙어서도 잘 사니?"
　"신기하네요."

"그랴, 어떻게 살아가는데?"

"비가 오면 뿌리와 잎줄기에 저장하고, 건조하면 증발되지 않도록 잎줄기를 웅크려요. 그리고 구름이 잎줄기를 지나가면 습기를 응축시켜서 물로 만들지요. 또, 바위는 낮에 햇볕을 받아서 따뜻해지고 밤에 식으면서 이슬이 많이 맺히는데 잎줄기서 뿌리로 흘러가도록 하지요."

강인한 생명력을 가진 친구로 바위에 붙어서 살아가는 지혜가 대단합니다.

"주인장, 국수사리 하나 더 주실래요?"

"네, 얼마든지 무한리필이올시다."

"충고 덕분에 마음 고쳐먹고 사람 구실합니다."

"친구, 사리판단 잘하시게. 그게 아닌 것 같아."

"부처님, 사리친견 하고 왔습니다."

이런저런 사리가 오고 갑니다. 모두가 열심히 살아가라는 의미를 일깨워 주네요. 생약명은 권백捲柏이라 하는데 말 권捲에 측백 백柏인데요, 건조할 때 잎줄기가 말아진 모습이 측백 같다고 붙여진 이름 같기도 하네요. 효능이 항암, 지혈, 간염 등에 좋다고 하여 너무 많이들 채취해 가고 있네요.

꽃말이 없소이다. 제 생각은 '지혜'라고 하고 싶네요. 바위에서 강인하게 살아가는 저 지혜를 본받아 보시렵니까? 그래서 사리판단을 잘해서 사람구실 하며 더불어 살아가시게요.

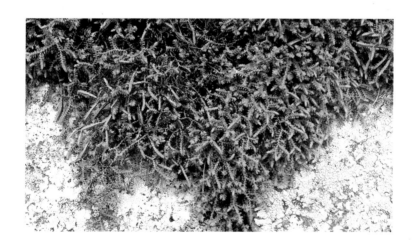

비굴하지 않는 자태
쇠고비

꽃보다 아름답고, 꽃보다 친근하고, 꽃보다 부드러운 모습에 무언 가 보이네요.

"뭐가 보이나요?"

"새봄이 아련하게 보이더이다."

"그래, 어디쯤 왔대요?"

"겨울의 절정이고, 입춘(立春)이니 거의 다 왔소이다."

"춥소이다. 겨울의 정점인 듯 더 춥네요."

"초록물결도 숨죽여 잠들어 버린 산야, 희미한 갈색 속에서 찬란 히 빛나는 친구. 쇠처럼 단단하고 고상한 자태에다 비굴하지 않소 이다."

그래요. '쇠고비'로 면마과이고, 양치식물이라 하지요. 양치식물이란 관다발식물 중에서 꽃이 피지 않고 포자로 번식하는 것인데요, 포자가 총총히 있답니다. 겨울에도 푸른 잎이 싱싱하게 그대로 있어 추위에 사그라져 잠자고 있는 낙엽 속에 빛나서 독야청청합지요.

'쇠', 철을 말하기도 하고, 소牛를 말하는데, 단단하면서 강인한 의미를 가지고 있지요. 서리와 한겨울 매서운 찬바람의 추위에도 끄떡없이 푸르름을 간직하기에 이런 이름이 붙었다 봅니다.

단단하고 질긴 의미로 하나 더 소개할게요. 같은 면마과로 푸름을 간직하고 있는 '족제비고사리'입니다. 잎이 크게 퍼지고, 부드러워 관상가치가 커서 화분에 심어 실내에 놓아서 기르기 좋지요. 그런데 이름이 왜 족제비일까요? 족제비란 이름이 좋은 의미가 아니라서 '얄밉고 약삭빠른 사람을 족제비 같은 놈'이라고 하는데요, 강추위를 약삭빠르게 피해 푸르름을 간직해서 그러는 것인가요? 아니면 족제비 꼬리처럼 부드러운 잎과 자태를 가져서 붙여진 이름인가요?
아마 그런가 봅니다. 쇠고비나 족제비고사리 꽃말은 없네요.

고비는 '몽상'이라고 있는데 멋진 이 친구들의 꽃말을 '비굴'이라
고 하고 싶네요. 요즘 세상살이 어렵고 힘들죠. 머리가 아프고 가슴
이 답답하네요. 혹한에도 끄떡없는 이 친구를 보시면서 '비굴'하지
말게요. 족적을 남기는 제일 멋진 비범한 친구를 고상하게 사랑하
게요. 리얼하게 비굴하지 말게요. 쇠처럼 단단하고, 질기게 고상하
고, 멋지게 비굴하지 맙시다. 비굴하지 않는 삶을 살아가게요.

속삭이는 봄기운

속새

"속닥속닥 무슨 이야기하니?"

"네, 봄이 오고 있다고 하네요."

"그래? 어디쯤 오고 있을까?"

"가까이 마음속에는 들어왔는데요."

새록새록 살포시 참 예쁘게 겨울잠에서 봄이 깨어나 기지개하고 있구려. 여기저기서 봄의 기운이 느껴지니 천천히 봄의 세계로 이끌려 가네요. 봄이 오는 소리를 알려주는 '속새'인데요, 속새과의 상록 양치식물로 대나무 같은 모습이 대나무 숲을 연상됩니다.

그런데 구조가 특이하죠. 둥근 줄기만 있고 잎이 없답니다. 마디

위에 마디, 마디 위에 또 마디, 또 마디 위에 또 마디가 있네요. 마디가 연결되는데 마치 파이프를 연결하는 것 같지요. 그래서 '마디초'라고도 한답니다.

잎은 마디와 마디를 연결하는 하얀 비닐 잎, 테두리는 검은빛이고요. 이게 잎이랍니다. 둥근 줄기는 원만함을, 잎이 없음은 강인함을, 속이 비었음은 욕심이 없음을, 가지를 치지 않는 것은 세력을 만들지 않음을, 사철 푸르름은 굳은 절개를 상징함으로써 5덕을 가졌소이다.

한 줄기는 딱딱하면서 부드러운데 규산염이 17% 정도 함유되어 있어 사포 대용이나 또는 그릇 씻는 데 사용하였지요. 규산염이 뭐냐고요? '규산염'은 모래 속에 많고 각종 규산의 수소가 금속 원자와 치환된 중성염의 총칭인데요, 즉 유리 성분이라고 보면 되는데 그래서 까칠까칠하면서 올곧게 자란답니다.

벼나 억새에도 이러한 성분들이 있어서 피부에 닿으면 상처가 쉽게 나게 된답니다. 벼 재배 시 규산이 적으면 잘 쓰러지고 병해충에도 약해집니다. 그래서 논에는 4년에 한 번씩 규산질비료를 주어야 합니다. 규산질이 풍부하면 벼가 짜르르 소리가 나면서 바람에 흔들리며 나고 햇빛을 잘 받아서 최고의 쌀이 되어 밥맛이 좋답니다.

생약명으로 목적木賊이라 하는데 간장에서 담즙이 잘 나오게 하고, 해독작용을 하며 시력 회복, 요로결석, 출혈성질환, 항암효과 등에 좋다고 하네요. 화분에 심어서 관리하기도 좋고, 사철 싱그러움을 감상하기에 정겨운 친구이지요. 여름에 대나무 죽순처럼 올라오고, 쑥쑥 자라는 모습도 보기 좋고요.

꽃말이 '비범'이네요. 생긴 모습이 예사롭지 않아서 비범하다는 말이 나올 만하네요. 생김새뿐만 아니라 이것저것 비범하고 멋진 모습에 박수와 찬사를 보냅니다.

무한한 사랑화살
화살나무

화가 난다 화가 나

살이 떨리고 무섭네

나약하고 힘없다고

무시해도 되는 건가

　열거하기 힘든 수많은 갑들의 횡포, 힘 있는 자들의 폭행, 어지럽
고 예측이 불가능한 국제뉴스, 불안한 경제상황, 고용불안 등등 날
마다 절벽 같은 절망을 절감한다는 말에 동감합니다. 뉴스와 신문
보기가 두렵습니다. 그저 답답하고 가슴이 아립니다.

　언제나 가슴이 훈훈한 소식만 들을 수 있을까요? 언제쯤 모두가
더불어 잘사는 세상이 오는 걸까요? 이러한 마음을 달래줄 친구가

있네요. 빨간 열매로 겨울을 밝혀주고, 화사한 미소로 나비처럼 다가와 구멍 난 가슴에 사랑의 화살을 쏘아 주네요.

　그래요. 불안, 초조, 짜증, 울화통 등을 진정시키는 '화살나무차' 한잔 드시지요. 정신을 안정시키고, 마음을 차분하게 하여 심리적 안정감을 준대요. 어때요? 마음이 풀리고 기분 좋아졌나요? 또한 중풍 예방과 뇌경색 치료와 암세포를 파괴한다고 하여 사랑받고 있지요. 그래서 정원수로서 귀한 대접을 받고 있답니다.

　'화살나무'는 노박덩굴과로 가지에 코르크질 날개가 2~4개 있어 마치 '화살깃'처럼 생겼다고 붙여진 이름이래요. 가지 풍채도 멋지고, 가을의 단풍은 화사하게 빛나며 빨간 열매와 함께 겨울의 풍광을 아름답게 하지요.

꽃말이 '위험한 장난', '냉정'이네요. 맞아요, 열심히 살아가는 백성들에게 위험한 장난 마세요. 힘 있는 당신들의 갑질에 가슴이 무너지고, 번민에 잠 못 드는 고통의 밤이 무섭습니다. 인정사정없는 갑질보다 사랑의 큐피트 화살을 쏘아 주셔요. 차분히 냉정하게 서로를 이해하고, 더불어 살아가는 좋은 세상이 되었으면 좋겠네요. 화난 것은 화사한 미소로, 살떨림은 살가운 다정함으로, 나약함은 나긋나긋하게, 무시함은 무한한 사랑을 만들게요.

해님과 노닐고 싶다
노박덩굴

해님이 그리운가

해님을 닮아가는가

해님과 노닐고 싶으신가

사르르 줄기를 뻗고 뻗어서

나뭇가지에 황금빛 열매를 달고

찬란한 햇빛과 교우하여 빛나네요.

바람과 노닐다가

황금문을 살포시 여시니

해님을 닮은 붉은 구슬이

알알이 영글어서 파란 하늘빛과

어우러져 겨울을 밝히네요.

'노박덩굴'이라는 친구입니다. 노박덩굴과의 낙엽성 덩굴나무로 윗부분이 덩굴이 되어서 다른 나무를 뒤덮지요. 늦가을에 황금빛 열매가 겨울에는 붉은 열매로 멋진 모습을 보여주지요. 노박덩굴이란 이름은 "덩굴성 줄기가 길 위까지 뻗어 길을 가로 막는다"라는 노박폐路泊廢에서 유래되었대요. 또 다른 이름은 "남사등南蛇藤, 남쪽의 긴뱀의 등나무"라는데 햇빛을 좋아해서 긴뱀처럼 늘어져서 옆나무를 타고 하늘로 올라가는 모습이 딱이네요.

이 친구 효능이 대단하데요. 손발의 마비를 풀어주고, 요통, 불면증, 신경쇠약, 여성분의 생리통에도 좋답니다. 열매로 술을 많이 담그시고 차를 만드시는 등 요즘 많이 이용하시데요. 주의할 점은 독이 있으니 조금씩 적정량을 드셔요. 과유불급 잊지 마셔요.

가지 채로 꺾어서 만추의 여정을 표현하는 꽃꽂이 소재로 사랑받고 있는데요, 노란 열매 속에서 터질 듯한 붉은 열매가 고혹적으로 단풍잎과 어우러져 깊은 풍미를 자아냅니다. 붉은 열매를 물에 잘 씻으면 하얀 종자가 나오는데 이것을 모래와 섞어서 노천 매장 후 봄에 파종하시면 거의 다 발아합니다.

생울타리와 파고라, 아치형 터널을 만드시면 이 친구의 아름다운 모습을 겨울까지 볼 수 있답니다. '진실', '명량' 꽃말이 좋네요. 활기차게 자라고, 열매 색채가 환하니 명량하고 진실되게 보이나 봅니다.

그리움에 지친 아가씨
동백

노오란 황금빛 꽃술을 붉은 꽃잎이 안았고
붉은 입술처럼 방긋방긋 웃는 꽃봉오리에
동백아가씨의 아픔과 그리움이 가득한 동백이네요.

차나무과로 겨울에 핀다하여 '동백冬栢'이라고 하는데 요즈음 봄에
피는 춘백도 있고, 초겨울에 피는 애기동백이 있네요.

겨울을 보내고 봄마중 나가는 꽃인가?
겨울에 머물다가 봄에 오는 꽃인가?
겨울 속에 새봄이 깃들어 있는 꽃인가?

겨울과 봄을 오고 가는 꽃이라 저리도 빨갛게 멍이 들고 아픔을

가진 꽃인가 생각됩니다. 여기서 동백과 애기동백의 다른 점을 짚고 넘어갈게요. 반짝반짝 빛나는 둥근 잎이 상록성이고, 붉은 꽃도 비슷하지만 동백은 2~3월경에 피는데 꽃봉오리째 툭툭 땅위에 슬픈 수繡를 놓는 듯이 떨어지고요. 애기동백은 산다화라고도 하며 한 잎, 두 잎씩 사푼사푼 떨어져 꽃 융단을 만드는 것이 다르고, 꽃도 11~12월경에 피네요.

겨울에 꽃이 피어서 벌나비가 오지 않으니 꽃가루받이는 동백새가 해주는 특이성이 있고, 열매는 기름을 짜서 유용하게 쓰이며 분재, 정원수용으로 사랑받고 있지요. 꽃이 귀하던 옛날엔 겨울 농한기 혼사에 사용했는데 꽃이 빨리 피도록 따뜻한 방 안에서 관리하던 일들이 기억납니다. 동백의 꽃말은 많이 있지만 '기다림', '당신을 사랑합니다'와 애기동백의 '겸손', '이상적인 사랑'을 선정하였답니다.

해님이 그리워 붉은꽃을 피우고
새봄이 그리워 노란꽃술 되었나
초록빛 잎새는 기다림에 지치고
꽃들은 떨어져 그리움이 되었소

 당신을 사랑하기에 기다림은 행복이고 기쁨이었지요. 이상적인
사랑을 위하여 나 자신에게 모두에게 겸손했고요. 이 모든 것은 기
다림의 아름다움이 단초가 되었고 시작이었다고 봅니다. 이제 동백
은 더 이상 슬프고 아픈 꽃이 아니라 기쁨과 행복의 꽃이라고 말하
고 싶습니다.

▶ 『창씨 개명된 우리 풀꽃』, 인물과사상사, 이윤옥(2015)
▶ 『원색한국기준식물도감』, 도서출판 아카데미서적, 이우철(1996)
▶ 『한국화재식물도감』, 아카데미서적, 하순혜(1998)
▶ 『한국의 야생화』, 다른세상, 이유미(2003)
▶ 『몸에 좋은 산야초』, ㈜넥서스, 장준근(2009)
▶ 『꽃이 피었어요, 바닷가에!』, 보림, 박상용(2008)
▶ 『야생화 도감 여름 편』, 푸른행복, 정연옥 · 박노복 · 곽준수 · 정숙진(2010)
▶ 『야생화 도감 봄 편』, 푸른행복, 정연옥 · 박노복 · 곽준수 · 정숙진(2010)
▶ 『한국식물 생태보감1(주변에서 늘 만나는 식물)』, 자연과생태, 김종원(2013)
▶ 『원색대한식물도감』, 향문사, 이창복(2003)
▶ 『수생식물도감』, 보림, 박상용(2009)
▶ 『우리 꽃 이름의 유래를 찾아서』, 중앙생활사, 허북구 · 박석근(2003)
▶ 『야생화 쉽게 찾기』, 진선출판사, 송기엽 · 윤주복(2003)
▶ 『한국의 제비꽃』, 함께가는길, 박승천(2012)
▶ 『한국의 화훼원예식물』, 교학사, 윤평섭(2001)
▶ 『한국의 야생화 바로알기』, 이비락, 이동혁(2013)
▶ 『한국의 난과 식물도감』, 이화여자대학교 출판부, 이남숙(2011)
▶ 『지리산의 자생식물(상 · 하)』, 남원허브산업육성사업단, 정연옥
▶ 『한국원예식물도감』, 지식산업사, 윤평섭(1989)
▶ 『야생화』, 문예마당, 박노복(2006)
▶ 『우리 들꽃 이야기』, 해마루북스, 박시영(2007)
▶ 『국립중앙과학관 – 식물정보』, 신재성 · 유난희 · 신현탁
▶ 『우리 꽃 문화 답사기』, 넥서스, 이상희(1999)
▶ 『새로운 한국식물도감』, ㈜교학사, 이영노(2006)
▶ 『한국의 귀화식물』, 사이언스북스, 김준민 · 임양재 · 전의식(2000)
▶ 『한국의 야생화』, 다른세상, 이유미(2003)
▶ 『한국양치식물도감』, 지오북, 한국양치식물연구회(2005)
▶ 『꽃으로 보는 한국문화 1』, 넥서스, 이상희(2004)
▶ 『우리나라 나무 이야기』, 이비컴, 박영하(2004)
▶ 『봄에 피는 우리 꽃 389』, 신구문화사, 현진오(2003)
▶ 『여름에 피는 우리 꽃 389』, 신구문화사, 현진오(2003)
▶ 『가을에 피는 우리 꽃 389』, 신구문화사, 현진오(2003)
▶ 『겨울에 피는 우리 꽃 389』, 신구문화사, 현진오(2003)
▶ 『야생화 자수 2(여름 · 가을에 볼 수 있는 우리 꽃)』, 팜파스, 김종희(2013)
▶ 『꽃들이 나에게 들려준 이야기2(그곳에서 피는 꽃)』, 신구문화사, 이재능(2014)
▶ 『한국의 야생화』, 야생화사람모임, 정연권(2008)
▶ 『정읍 자생화교실』, 정읍시 농업기술센터, 김정엽(2015)
▶ 국가표준식물목록(http://www.nature.go.kr/kpni) 국명과 학명 참조
▶ 한국식물분류학회(http://www.pltaxa.or.kr/) 논문 참조
▶ 『공기의 연금술』, 반니, 토머스 해이거(2015)
▶ 『의사가 만난 퇴계』, 궁 미디어, 김종성(2014)
▶ 경향신문사 매거진X(1997~2003) 기사 참조

o 양정인누름꽃연구소 대표 양정인(010-3519-8041) www.yjipf.com (054-383-8041)

o (사)한국압화교육문화협회 이사장 이진선(010-5201-8900)
  www.foreverlove.co.kr (02-403-5007)
  (회장단) 신재승, 최희옥, 채혜선, 송윤경, 신은숙, 서은경, 김지윤, 고일심, 정영숙, 채순희, 서은희, 김인희

o (사)한국꽃누르미협회 이사장 박영희(010-8261-2388)
  www.pressmi.com (0502-711-4506)

o (사)한국프레스플라워협회 이사장 신정옥(010-2519-5453) www. koreapressflower.com

o 송 프레스플라워회 회장 송혜정(010-9025-6788) http://blog.naver.com/songpress67

o 화인프레스플라워회 회장 주순엽(010-3615-3477)

o ㈜한국프레스플라워 대표 이병제(010-9041-4103)
  네이버 카페 '한국프레스플라워(주)' 입력 (02-575-9152)

o 구례군압화연구회장 박봉덕(010-2911-2593)

o 백향꽃누루미갤러리관장 백미경(010-7233-2325)

☆ 한국압화박물관은 전남 구례군농업기술센터 내에 있습니다.
매주 월요일 휴관(입장료 2,000원)

자연으로
치유하다

구례삼촌
쑥부쟁이

www.guryeuncle.com

쑥부쟁이 머핀과 쿠키는 어디에...

1. 바쁜 직장인과 학생들의 **아침식사 대용**으로 좋습니다.

2. **개인이나 단체의 선물용**으로 환영받습니다.

(생일, 판촉물, 동호회, 하객, 여행)

3. 입맛 없는 환자들의 **영양간식**으로 최고입니다.

4. **차와 커피**를 마실 때 함께 먹으면 더욱 맛있습니다.

5. 아이들에게도 마음 놓고 먹일 수 있는 **안전한 자연 먹거리**입니다.

구례삼촌 쑥부쟁이 취급품목은 어떤 것이 있나요?

쑥부쟁이 머핀/쿠키
쑥부쟁이 국수
쑥부쟁이 송편/가래떡/인절
쑥부쟁이 수수차/분말
쑥부쟁이 나물/장아찌
쑥부쟁이 부각/어묵
쑥부쟁이 한방비누
쑥부쟁이 체험(쿠키)
단체 급식(학교)
쑥부쟁이 밥상 프랜차이즈

쑥부쟁이 특성과 효능은 무엇입니까?

1. 봄을 가장 먼저 맞이하는 국화과 야생초

2. 부드럽고 **상큼한 질감**과 쌉싸름하고 **담백한 맛**

3. KBS-1 TV 보도(2013. 11. 08)

비만억제, 체중감소 효과 검증

칼륨성분 다량 함유로 나트륨 배출에 탁월

비타민 C, 칼슘, 철분이 풍부한 힐링 다이어트식품

NAVER   구례삼촌   검색

주문번호   061-781-7235

주소   전라남도 구례군 산동면 지리산
          온천로 72번지

하루 5분 나를 바꾸는 긍정훈련

행복에너지

'긍정훈련' 당신의 삶을
행복으로 인도할
최고의, 최후의 '멘토'

'행복에너지
권선복 대표이사'가 전하는
행복과 긍정의 에너지,
그 삶의 이야기!

인터파크
자기계발 분야 주간
베스트 1위

권선복 지음 | 15,000원

권선복

도서출판 행복에너지 대표
한국정책학회 운영이사
대통령직속 지역발전위원회
문화복지 전문위원
새마을문고 서울시 강서구 회장
전) 팔팔컴퓨터 전산학원장
전) 강서구의회(도시건설위원장)
아주대학교 공공정책대학원 졸업
충남 논산 출생

책 『하루 5분, 나를 바꾸는 긍정훈련 - 행복에너지』는 '긍정훈련' 과정을 통해 삶을 업그레이드 하고 행복을 찾아 나설 것을 독자에게 독려한다.

긍정훈련 과정은 [예행연습] [워밍업] [실전] [강화] [숨고르기] [마무리] 등 총 6단계로 나뉘어 각 단계별 사례를 바탕으로 독자 스스로가 느끼고 배운 것을 직접 실천할 수 있게 하는 데 그 목적을 두고 있다.

그동안 우리가 숱하게 '긍정하는 방법'에 대해 배워왔으면서도 정작 삶에 적용시키지 못했던 것은, 머리로만 이해하고 실천으로는 옮기지 않았기 때문이다. 이제 삶을 행복하고 아름답게 가꿀 긍정과의 여정, 그 시작을 책과 함께해 보자.

『하루 5분, 나를 바꾸는 긍정훈련 - 행복에너지』